电气精品教材丛书

微电网建模与控制基础

主　编　马　柯

副主编　梁克靖　许少伦

参　编　王嘉石　唐为禹　曹思语　朱文杰

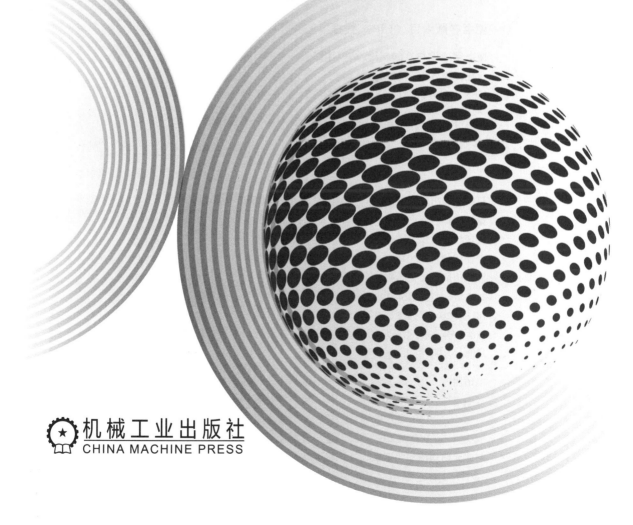

机械工业出版社
CHINA MACHINE PRESS

本书是在上海交通大学本科课程"微电网控制系统综合实验"迭代多年的讲义基础上，结合作者科研实践凝练而成，重点聚焦电力电子变流器及其所构成微电网系统的建模及控制基础理论；同时精心设计了由浅入深、贴合实际的多个仿真任务，力求使读者能充分理解典型微电网系统的运行原理，并能深刻体会其技术优势及不足。

教材系统介绍了微电网中常见变流器的等效建模和分析设计方法，以及多变流器之间的协调原理和控制策略，共分9章：绪论、微电网中的变流器、电流控制型DC-AC变流器、电压控制型DC-AC变流器、微电网主从控制、微电网下垂控制、微电网二次控制、直流微电网及综合应用实例。每章后为应用仿真实践。

本书可以作为高等院校电气工程及其自动化专业的本科生教材，也能够为新能源发电、微电网领域的研究生及工程技术人员提供帮助。

图书在版编目（CIP）数据

微电网建模与控制基础/马柯主编. —北京：机械工业出版社，2023.10（2024.6重印）
ISBN 978-7-111-73931-9

Ⅰ.①微… Ⅱ.①马… Ⅲ.①智能控制-电网-系统建模
Ⅳ.①TM76

中国国家版本馆CIP数据核字（2023）第184728号

机械工业出版社（北京市百万庄大街22号　邮政编码100037）
策划编辑：李小平　　　　　　责任编辑：李小平
责任校对：郑　雪　张　薇　　封面设计：鞠　杨
责任印制：刘　媛
涿州市般润文化传播有限公司印刷
2024年6月第1版第2次印刷
184mm×260mm·9.5印张·231千字
标准书号：ISBN 978-7-111-73931-9
定价：65.00元

电话服务　　　　　　　　　　网络服务
客服电话：010-88361066　　机　工　官　网：www.cmpbook.com
　　　　　010-88379833　　机　工　官　博：weibo.com/cmp1952
　　　　　010-68326294　　金　书　网：www.golden-book.com
封底无防伪标均为盗版　机工教育服务网：www.cmpedu.com

为应对日益严峻的全球变暖、能源短缺问题，以风电和光伏为代表的可再生能源发电技术受到了广泛关注并得到了快速发展。根据国家能源局统计，截至 2023 年上半年，我国可再生能源发电累计装机容量已突破 13 亿 kW，历史性地超过了煤电比重；而其中风电与光伏发电达到了 8.59 亿 kW，约为 36 个三峡电站的总装机容量，已成为可再生能源发电的主要贡献力量。

然而，风力与光伏发电具有较强的随机性和波动性，如果采用集中发电和远距离输送的传统形式，将对电网的稳定运行带来较大风险。在此背景下，微电网概念得以提出：作为一个"五脏俱全"的小型电力生态系统，微电网完整涵盖了分布式电源、储能及负荷，并通过电力电子变流器加以连接和控制。微电网既可以并入大电网协同工作，也能够脱离大电网孤岛运行，这些特性缓解了可再生能源对大电网的冲击，也有助于可再生能源的本地消纳，并能极大提升区域供电质量和输电效率。

如今，微电网技术已成为学术界与工业界的研究热点，实际工程也在如火如荼地建设中。然而，微电网系统的运行机制较为复杂，所涉及的电气工程知识体系跨度大，现有文献多关注复杂而先进的控制策略，使得刚接触该领域的读者往往会出现难以理解、无从上手等问题。在此背景下，亟需一本深入浅出、系统梳理微电网建模与控制相关基础理论的教材，帮助读者加深对微电网特性的理解，并初步具备对其分析和设计的能力。

教材共分为 9 章 5 个模块：第 1 章概述了微电网的提出背景、概念、意义、分类与现状，旨在帮助读者建立对微电网技术的宏观认识；第 2~4 章聚焦微电网中单个电力电子变流器的原理和控制，首先讲解了拓扑、脉冲宽度调制、坐标变换等基础知识，并分别针对最常见的电流控制型和电压控制型两类 DC-AC 变流器展开介绍；第 5~7 章聚焦微电网中多个电力电子变流器的协同和控制，对主从控制、下垂控制、二次控制等经典协同方法进行了细致的推导与分析，并就具体应用场景中存在的局限性进行了讨论；第 8 章简要介绍了直流微电网中变流器的控制及协同方法，旨在丰富读者对不同微电网类型的认知；第 9 章通过结合一个实际微电网系统的分析设计案例，给出了仿真任务和实验现象，让读者可以融会贯通本书所涵盖的知识要点。

本书由上海交通大学马柯任主编，梁克靖、许少伦任副主编，王嘉石、唐为禹、曹思语、朱文杰四位研究生参与了本书的章节设计及编写工作。

受限于编者水平，书中难免有疏漏和不妥之处，恳请读者批评指正。

编　者
2023 年 7 月于上海交通大学

目录
Contents

前言

第1章　绪论 ··· 1

1.1　微电网技术的提出背景 ······································· 1

　　1.1.1　分布式电网结构 ······································· 1

　　1.1.2　微电网的概念及意义 ··································· 1

　　1.1.3　微电网的构成要素及分类 ······························· 2

　　1.1.4　国内外微电网发展现状 ······························· 4

1.2　微电网控制系统概述 ··· 5

　　1.2.1　变流器本地控制 ··· 6

　　1.2.2　微电网协同控制 ··· 6

　　1.2.3　上层系统交互 ··· 8

参考文献 ··· 8

第2章　微电网中的变流器 ·· 10

2.1　微电网中常见的电力电子变流器拓扑 ······················· 10

　　2.1.1　不同输入输出电压类型的变流器 ····················· 10

　　2.1.2　不同输出电平数的变流器 ····························· 12

2.2　微电网中的 DC-AC 功率变换 ······························· 15

　　2.2.1　单相及三相 DC-AC 功率变换 ······················· 15

　　2.2.2　电流控制型及电压控制型 DC-AC 功率变换 ··········· 19

2.3　DC-AC 变流器的脉冲宽度调制 ······························· 20

　　2.3.1　变流器 PWM 环节及半桥电路的数学建模 ············· 21

　　2.3.2　变流器空间矢量调制及等效 ························· 24

2.4　三相交流系统坐标变换 ··· 26

　　2.4.1　从 abc 坐标系到 αβ0 坐标系 ······················· 26

　　2.4.2　从 αβ0 坐标系到 dq0 坐标系 ······················· 27

　　2.4.3　三相交流系统坐标变换案例 ························· 28

2.5　仿真任务：三相 DC-AC 变流器电压开环控制 ··············· 30

参考文献 ··· 32

第3章　电流控制型 DC-AC 变流器 ································· 33

3.1　电流滤波器的设计及建模 ······································· 34

　　3.1.1　电感滤波器的纹波计算 ······························· 34

　　　　3.1.2　电感滤波器的 dq0 坐标系建模 ································· 35

　　3.2　电流型 DC-AC 变流器的控制理论 ······························ 38

　　　　3.2.1　电流控制系统架构 ··· 38

　　　　3.2.2　锁相环 ··· 38

　　　　3.2.3　电流控制器 ··· 39

　　　　3.2.4　控制参数设计 ··· 40

　　3.3　高阶电流滤波器 ·· 41

　　　　3.3.1　*LCL* 滤波器的频域特性 ···································· 41

　　　　3.3.2　*LCL* 滤波器的参数设计 ···································· 42

　　3.4　仿真任务：电流控制型并网逆变器设计 ························· 45

　　参考文献 ·· 47

第 4 章　电压控制型 DC-AC 变流器 ·································· **48**

　　4.1　电压型变流器的设计及建模 ····································· 48

　　　　4.1.1　*LC* 滤波器设计 ·· 48

　　　　4.1.2　带 *LC* 型滤波器 DC-AC 变流器的 dq0 坐标系模型 ········· 51

　　4.2　电压控制系统 ·· 54

　　　　4.2.1　电压控制系统结构设计 ····································· 54

　　　　4.2.2　电压控制系统参数设计 ····································· 56

　　4.3　仿真任务：电压控制型变流器设计 ······························ 60

　　参考文献 ·· 63

第 5 章　微电网主从控制 ·· **64**

　　5.1　单台变流器的恒功率控制 ······································· 65

　　　　5.1.1　三相系统的瞬时功率计算 ··································· 66

　　　　5.1.2　三相 DC-AC 变流器的功率控制 ···························· 68

　　5.2　基于负载电流的主从控制 ······································· 73

　　5.3　无负载电流采样的主从控制 ····································· 77

　　5.4　仿真任务：多台变流器的主从控制器设计 ······················· 81

　　参考文献 ·· 84

第 6 章　微电网下垂控制 ·· **86**

　　6.1　线路功率传输方程推导 ··· 87

　　　　6.1.1　线路的简化与电流的推导 ··································· 87

　　　　6.1.2　不同电压等级下线路特性 ··································· 88

　　6.2　感性线路下垂控制原理及下垂曲线 ······························ 88

　　　　6.2.1　频率-有功下垂方程的推导 ·································· 89

　　　　6.2.2　电压-无功下垂方程的推导 ·································· 90

　　　　6.2.3　下垂特性系数的选取 ······································· 91

　　　　6.2.4　变流器下垂控制实现方法 ··································· 92

　　6.3　感性线路下垂控制的功率分配特性 ······························ 93

6.3.1　下垂控制有功功率自主分配机制 ・・・・・・・・・・・・・・・・・・・・・・・・・・・・・・・・・・ 94

6.3.2　下垂控制无功功率自主分配机制 ・・・・・・・・・・・・・・・・・・・・・・・・・・・・・・・・・・ 96

6.4　阻性线路中的下垂控制 ・・・ 99

6.4.1　阻性线路下的下垂控制原理 ・・・・・・・・・・・・・・・・・・・・・・・・・・・・・・・・・・・・・ 99

6.4.2　阻性线路下的下垂控制功率分配特性 ・・・・・・・・・・・・・・・・・・・・・・・・・・ 100

6.5　仿真任务：多台电压控制型变流器的下垂控制设计 ・・・・・・・・・・・・・・・・・・・ 102

参考文献 ・・ 107

第7章　微电网二次控制 ・・ 108

7.1　微电网分层控制策略 ・・・ 108

7.1.1　分层控制策略概述 ・・・ 108

7.1.2　二次控制的目标与分类 ・・ 109

7.2　用于电压幅值和频率校正的集中式二次控制 ・・・・・・・・・・・・・・・・・・・・・・・・・ 109

7.2.1　下垂控制中的电压幅值和频率偏差问题 ・・・・・・・・・・・・・・・・・・・・・・・ 109

7.2.2　电压幅值和频率校正的集中式二次控制结构 ・・・・・・・・・・・・・・・・・・ 111

7.3　用于无功功率分配补偿的集中式二次控制 ・・・・・・・・・・・・・・・・・・・・・・・・・・・ 115

7.3.1　下垂控制中的无功功率分配问题 ・・・・・・・・・・・・・・・・・・・・・・・・・・・・・・ 115

7.3.2　无功分配的集中式二次控制结构 ・・・・・・・・・・・・・・・・・・・・・・・・・・・・・・ 117

7.4　分布式二次控制 ・・・ 119

7.4.1　分布式二次控制概述 ・・・ 119

7.4.2　复杂通信系统下的分布式二次控制 ・・・・・・・・・・・・・・・・・・・・・・・・・・・ 120

7.4.3　简化通信系统下的分布式二次控制 ・・・・・・・・・・・・・・・・・・・・・・・・・・・ 121

7.5　仿真任务：多台电压控制型变流器的二次控制设计 ・・・・・・・・・・・・・・・・・・・ 122

参考文献 ・・ 125

第8章　直流微电网 ・・ 126

8.1　直流微电网简介 ・・・ 126

8.2　单台变流器的控制方式 ・・ 127

8.2.1　调制算法 ・・ 127

8.2.2　电压控制 ・・ 128

8.3　直流微电网的控制 ・・・ 130

8.3.1　直流微电网控制架构 ・・・ 130

8.3.2　直流下垂控制 ・・・ 131

8.3.3　直流二次控制 ・・・ 132

8.4　仿真任务：双有源全桥DC-DC变流器的设计・・・・・・・・・・・・・・・・・・・・・・・ 133

参考文献 ・・ 136

第9章　综合应用实例 ・・ 137

9.1　实际微电网的应用情况 ・・ 137

9.2　案例设计要求 ・・・ 137

9.3　参考实现案例 ・・・ 138

第1章 绪 论

1.1 微电网技术的提出背景

1.1.1 分布式电网结构

电能由于其清洁环保、高效便利的优点，是能源最有效的利用方式之一。为了实现电能更好地生产、传输、分配和应用，需要构建高效的电力系统结构。近年来，电力系统呈现出用电负荷不断增加、输电容量逐渐增大的特点[1]。以大容量集中式发电和远距离高电压输电为基础的传统电网结构，其建设成本高、运维难度大、灵活性差等问题日渐凸显。

伴随着电力电子技术的快速发展，以风电、光伏为代表的可再生能源发电技术日渐成熟，然而将这些新型能源接入传统电力系统的过程中，供电稳定性、可靠性、经济性受到了巨大挑战，主要表现为：①源荷不平衡：天气、季节和日夜变化等因素都会影响新型能源的发电量，因此接入新型能源后的电力系统发电功率也会出现波动，造成发电功率与负载功率不匹配，严重时可能造成电网频率及电压波动；②故障后支撑恢复能力变弱，继电保护行为复杂；③能源利用效率较低：长距离输电与储能将造成较大电能损耗。

传统的集中式发电如图 1-1a 所示，发电侧能源通过集中的输电网和配电网后，将电能输送到用电侧，在这个过程中，电能从发电侧单向地向用电侧流动。由于多采用核能、水力、化石等能源，集中式发电往往有着规模大的优点。分布式发电如图 1-1b 所示，发电单元往往和用电单元位置比较接近，不再有集中的输电网和配电网，发电单元和用电单元都连接到同一母线上，母线和外部大电网相连。相较于集中式发电，分布式发电结构更适合新能源的利用：①分布式发电具有较强的灵活性，可以根据用电需求进行快速调整；②分布式发电通常位于用电负荷附近，能够减少电力传输损失，提高能源利用效率；此外分布式发电多采用清洁能源，有助于减少温室气体排放，实现节能减排目标；③分布式发电不再需要大功率、远距离的集中输电设备，能有效避免大型基础设施建设及相关投资；④分布式发电系统由多个独立的电源组成，这有助于提高电力系统的可靠性和稳定性。

1.1.2 微电网的概念及意义

分布式发电系统中，有着大量的新能源发电单元和负载，但这些新能源发电单元在直接并网时也存在一些缺陷：①新能源发电单元的容量往往较小，独立支撑负载的能力有限；②新能源发电单元有着很强的随机性和不可控性，难以保证供电质量；③为减小新能源发电对大电网的冲击，当大电网发生故障时，新能源发电系统需要脱网退出运行，从一定程度降低了新能源发电的利用率[2]。

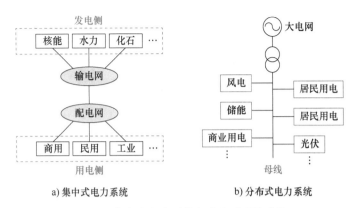

a）集中式电力系统　　　　b）分布式电力系统

图 1-1　集中式电力系统与分布式系统比较

　　因此，为适应新能源发电并入电网的需求，提出了微电网这一概念。微电网是一个可控、自治、独立运行的小型电力系统，它可以整合多种分布式能源、储能设备和负荷管理系统，实现自主控制和运行。微电网在正常情况下可以与大电网协同工作；在大电网出现故障时，也可以脱离电网，实现孤岛运行，继续为连接在其内部的负载提供稳定的电力供应。因此，微电网有着以下几个主要特点：

　　1）多元化的能源组合。微电网可以包含如风电、光伏、地热等各种新能源资源。

　　2）可靠性。微电网可以通过对局部电网的自主控制为用户供电，降低大电网故障对负载的影响。

　　3）灵活性。微电网可以根据不同的需求快速优化能源分配，提高系统内电能调度的灵活性。

　　此外，微电网作为一个小型电力系统，可以实现与大电网灵活的功率交换，实现与电网的优化互动。

　　由此可以看到，微电网对于分布式发电的发展和应用有着至关重要的意义：首先，微电网接入多样的可再生能源，实现了太阳能、风能等清洁能源的高效利用，降低了对传统化石能源的消耗，推动了清洁能源的普及和发展；其次，微电网通过对局部电网的自主控制和调度，在不同的场景下实现了微电网发电单元的协调工作——一方面优化了能源的使用效率和系统性能，另一方面提高了用电单元的供电可靠性；最后，因为微电网既可以与大电网协同工作，也可以脱离电网单独运行，因此针对那些地理位置偏远、难以接入大电网的区域，微电网可以发挥独特的作用：利用当地丰富的可再生能源资源，如太阳能、风能等，微电网可以为这些区域提供稳定、可靠的能源供应，改善居民的生活质量。

1.1.3　微电网的构成要素及分类

　　微电网作为新型电力系统的重要组成部分，它同样具备完整的发电和配电功能。可谓麻雀虽小，五脏俱全，典型微电网的组成可以分为以下几个部分：

　　1）电源：电源最重要的功能是为微电网内的负荷供电，电源的容量大小是考虑的首要因素；常见的微电网电源包括：分布式光伏电池、分布式风能发电机组、潮汐发电机组、波浪发电机组、微型涡轮机组、小型水电机组、燃料电池和地热发电机组等。

　　2）储能：储能系统主要负责将电源产生的多余的电能储存起来，有助于微电网内部实现电力供需平衡，从而维持电压和频率的稳定；微电网系统中常见的储能设备有：抽水蓄能、电池储能、超级电容以及飞轮储能等。

3）用电设备：微电网中的用电设备通常指的是各级负荷，它们决定了用电负荷的大小以及在微电网中的位置分布，因此也会影响发电装机总容量以及对储能设备的要求。

4）对外连接：微电网的对外连接一般是指各种连接线路以及端口变流器。正常情况下微电网会与大电网相连，从而更好地实现系统间的电能传输以及维持系统的稳定。同时各个微电网之间也会加以互连。

5）能量管理系统：微电网的能量管理系统主要用于确保微电网安全、可靠、高效地运行，是微电网的关键技术。主要包括以下几个方面：①对接入微电网的分布式能源和储能进行监控、管理和控制；②根据微电网内各种分布式能源、储能设备和用户需求之间的关系，实现能源的合理调度和优化配置；③通过对负荷需求的预测，确保微电网供电稳定，同时合理应对负荷波动，降低能源浪费；④确保微电网在正常、故障等不同状态下的安全运行，包括故障检测、隔离、恢复等功能；⑤实现微电网内部与外部的有效信息交互。

按照微电网中母线电压类型来划分，微电网可分为三种基本形式[3]：交流微电网、直流微电网和交直流混合微电网，每种微电网各具特点。

1. 交流微电网

如图 1-2 所示，不同电压类型的分布式电源、储能装置、负荷等均通过电力电子装置连接至交流母线，其中直流设备通过 DC-DC 变流器和 DC-AC 变流器并入微电网母线，交流设备通过 AC-AC 变流器并入微电网母线。目前，交流微电网是微电网的常见形式。

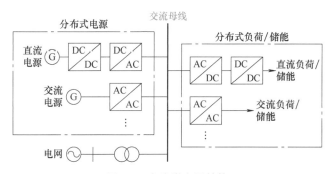

图 1-2 交流微电网结构

2. 直流微电网

随着光伏、电池储能等直流源的广泛利用，如图 1-3 所示的直流微电网开始受到关注。和交流微电网相似，分布式电源、储能装置、交直流负荷通过电力电子装置连接至直流母线。但因为直流微电网的母线为直流电压，直流源可以仅通过 DC-DC 变流器连接到母线。因此，在有着大量直流源的情况下，直流微电网与交流微电网相比有着更加简单的结构。此外，直流微电网中只需要控制直流母线的电压幅值，相对于交流微电网母线的电压幅值和频率，直流微电网的母线控制更加简单。

3. 交直流混合微电网

如图 1-4 所示，交直流混合微电网既有交流母线又有直流母线，因此既可以直接向交流

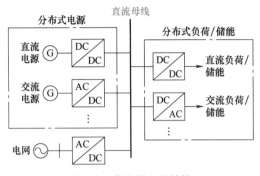

图 1-3　直流微电网结构

负荷供电又可以直接向直流负荷供电。两种母线还可以通过电力电子交直流变换装置连接起来，实现功率的双向流动。

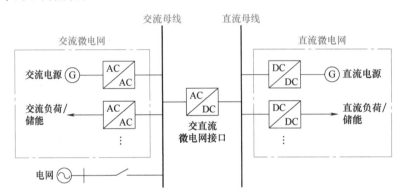

图 1-4　交直流混合型微电网结构

与单一电压母线的微电网相比，交直流混合微电网结合了交流微电网与直流微电网的特点，直流与交流母线的同时存在，可以在交直流负载接入时有效地减少 AC-DC 或 DC-AC 变流装置数量，从而降低了系统成本，并提高了效率。

但交直流混合微电网也引入了一些问题有待解决：

1）交流母线和直流母线之间的协调。为保证交直流混合微电网正常工作，需要确保交流母线和直流母线能够稳定可靠地工作。因为交流母线和直流母线实现了连接，如何实现交流母线和直流母线之间的功率协调控制，成了交直流混合微电网的一个重要课题。

2）交直流微电网接口变流器的设计和控制。作为交流母线和直流母线的连接环节，接口变流器对微电网的正常运行有着至关重要的作用。交流母线和直流母线的功率流动完全通过接口变流器实现，因此接口变流器的容量及电压等级等是接口变流器设计的关键。此外接口变流器的控制直接影响了交流母线和直流母线之间的协调，故如何控制接口变流器也是一个重要研究内容。

1.1.4　国内外微电网发展现状

为了充分利用分布式电源的优势，并缓和大电网与分布式电源之间的冲突，微电网应运而生。近年来，随着技术水平的提高以及环境压力的推动，微电网试点工程不断涌现。

欧美对于微电网的关注是较早的。创立于 1999 年的美国电力可靠性技术解决方案协会（Consortium for Electric Reliability Technology Solutions，CERTS）率先对现代微电网进行了系统性的研究，并构想了借助微电网协调利用分布式电源的技术前景[13]。欧盟的 MICROGRIDS 项目也在早期对微电网的技术挑战进行了讨论，例如孤岛安全运行策略、保护措施等。随后，微电网概念被欧美等国家广泛应用，并建立了一系列的试点工程。例如，美国加利福尼亚州的博雷戈泉微电网，这是加州第一例基于可再生能源的社区微电网工程。博雷戈泉微电网的主要供能来自于本地部署的 26MW 光伏发电系统，为大约 2500 位居民和 300 位工商业用户提供电能。其他国家也有许多微电网络试点工程，例如丹麦的博恩霍尔姆岛微电网，能够提供 63MW 的负载功率；再比如澳大利亚的袋鼠岛微电网，目标做到 100% 可再生能源供电。以上的工程实例均体现了微电网的一个重要特性，即就地消纳能源。

我国的微电网起步稍晚发展较快，政府给予了高度重视和支持。为了促进微电网的健康有序发展，国家发展改革委和国家能源局于 2017 年印发了《推进并网型微电网建设试行办法》，引导分布式电源和可再生能源的就地消纳。目前，许多微电网试点工程正在快速推进和落成，其中河南财政金融学院分布式光伏发电及微网运行控制工程是一个典型案例。该工程以屋顶 380kW 光伏项目为依托，日发电功率达到 300kW，是河南省首个并网光伏发电项目。与普通光伏项目不同的是，该工程构建了光伏、储能和用电负荷组成的微电网，通过技术控制，实现了并离网的平滑过渡。此外，我国还建设了包括浙江舟山东福山岛 300kW 级离网型微电网、浙江温州南麂岛 MW 级海岛微电网、广东东莞巷尾多站合一直流微电网，以及广东珠海唐家湾直流微电网等在内的多个示范项目。

1.2　微电网控制系统概述

微电网控制应当保证以下五个方面：①确保系统在各种工况下的稳定运行，包括电压稳定、频率稳定；②根据负荷需求实时调整分布式能源（如太阳能、风能等）的发电量或者储能设备的充放电状态，以实现功率的供需平衡；③优化能量管理和运行安排，提高整个微电网系统的能源利用效率，降低能源损耗；④及时检测并入大电网的故障状态，以确定微电网的工作状态，保证微电网的可靠运行；⑤与外部电网进行良好的配合，实现顺畅的能量互动和信息交流。

为灵活地实现微电网的多种控制目标，提出了分层控制的概念[4,5]，常见的微电网分层控制如图 1-5 所示[6]。最顶层是上层系统交互接口，主要负责本地微电网对大电网或其他微电网的协调，控制目标包括决定孤岛/并网运行、参与能源市场、参与上层系统协调等。中间层是微电网内部控制，控制目标包括优化多变流器之间的功率分配、优化微电网的母线电压/频率二次控制、黑启动、负荷管理等。最底层是变流器本地控制，控

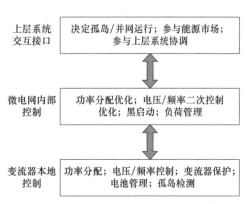

图 1-5　微电网分层控制结构示意图[6]

制目标包括：功率分配、电压/频率控制、变流器保护、电池管理、孤岛检测等。

1.2.1　变流器本地控制

变流器的本地控制中，每台变流器根据自身的信息，按照需求实现不同的控制目标，包括功率分配、电压/频率调节、变流器保护、电池管理或孤岛检测等。为实现不同的控制目标，本地控制常见的控制策略包括功率控制、恒压恒频控制和下垂控制[8-10]。

1. 功率控制

变流器作为分布式能源/储能与微电网母线的接口设备，变流器需要控制分布式能源/储能与微电网的功率流动。变流器的功率控制结构如图 1-6 所示，首先变流器端口电压电流经功率计算得到变流器的输出有功、无功功率，并将变流器的输出功率作为功率控制系统的反馈信号。功率控制器系统的给定信号为功率参考给定 P_{ref} 和 Q_{ref}，功率控制系统用于实现变流器输出功率跟踪功率给定。

2. 恒压恒频控制

微电网在孤岛运行模式下必须至少有一台变流器控制微电网母线电压，从而保证微电网电压和频率的稳定。变流器的恒压恒频控制系统如图 1-7 所示，其基本原理是利用电压控制，保证变流器输出电压的幅值和频率保持恒定，无论输出功率如何变化。

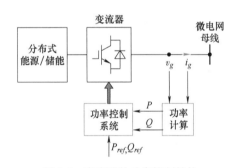

图 1-6　变流器的功率控制结构

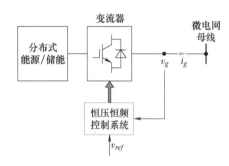

图 1-7　变流器的恒压恒频控制系统

3. 下垂控制

为了提高微电网供电可靠性，提出了一种新的电压控制策略，该控制策略模拟了同步发电机的下垂特性，被称为下垂控制，能够实现多变流器共同支撑母线电压。典型的下垂控制系统如图 1-8 所示，变流器的输出电压、电流作为下垂控制器的输入，下垂控制器根据下垂曲线计算得到电压幅值给定和频率给定，电压控制系统则根据电压幅值给定和频率给定调节变流器输出电压的幅值和频率。

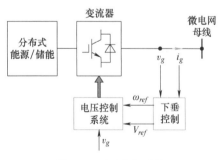

图 1-8　下垂控制系统

1.2.2　微电网协同控制

微电网控制层主要用于单个微电网的内部控制[7]，控制目标包括优化多变流器之间的功率分配、优化微电网的母线电压频率特性、黑启动、负荷管理等。目前微电网控制层的控制策略可分为两大类：集中式控制和分布式控制[8,11,12]。一个典型的集中式控制如图 1-9 所示，通过一个集中控制器和所有变流器的本地控制器进行通信，对微电网中的各种设备进行监测、控制和优化调节，以确保微电网的稳定运行和最佳经济效益。在集中式控制中，集中控制器可以根据微电网整体的负荷需求和各个发电单元的输出功率情况，动态地调整各个发电单元的输出功率，以平衡微电网的能量供需关系。因为集中控制器可以全面了解微电网的情况并协调发电单元的工作，所以集中式控制的优点在于控制精度高、控制策略灵活、可实现微电网的最大化效益。此外，在集中式控制中还可以设置多种安全保护措施，以防止微电网发生故障或事故。但是，集中式控制也存在明显的缺点：由于所有的控制都由中心控制器完成，因此当中心控制器出现故障时，整个微电网将无法正常运行。此外，集中式控制需要较高的硬件和软件成本，系统可拓展性差，而且在微电网规模较大时，集中控制器的负担将会非常重，可能出现性能瓶颈问题。

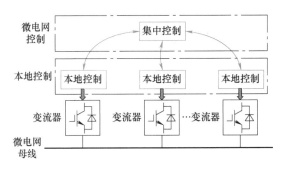

图 1-9　微电网集中式控制系统

　　和集中式控制不同，分布式控制系统中没有一个集中控制器，而是每个变流器均采用分布式控制器，这些分布控制器通过相互之间的通信实现整个微电网的控制和优化，如图 1-10 所示。由于分布式控制中各个发电单元都具有一定的控制能力，因此当某个发电单元出现故障时，只要通信网络保持连接，其他发电单元仍然可以继续工作，以保证微电网的连续供电。此外，分布式控制的微电网结构更加灵活，可以更好地适应微电网规模的变化。但是，分布式控制也存在明显的缺点：各个变流器的分布式控制器只能检测到变流器的本地信息和附近变流器的信息，难以保证所有变流器之间的通信。因此分布式控制器难以监测整个微电网的工作状态，进而难以实现整个微电网的最优控制。

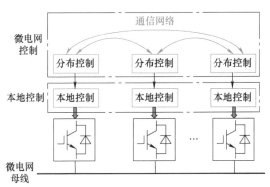

图 1-10　微电网分布式控制系统

1.2.3　上层系统交互

　　在微电网并入大电网或和其他多个微电网共同运行时，微电网被大电网或其他微电网视作一个单独的子系统。因此，为实现单个微电网与大电网或其他微电网的协调控制，引入了微电网的上层系统交互接口。一个典型的微电网上层交互系统如图 1-11 所示，微电网的上层系统交互接口通过和其他大电网或微电网通信从而实现协调，决定微电网孤岛/并网运行状态并参与能源市场。

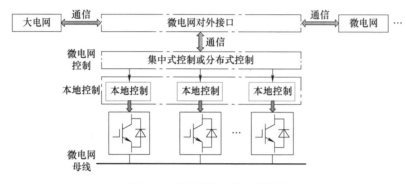

图 1-11　微电网的上层交互系统

参 考 文 献

[1] 张丹, 王杰. 国内微电网项目建设及发展趋势研究 [J]. 电网技术, 2016, 40 (02): 451-458.

[2] 黄伟, 孙昶辉, 吴子平, 等. 含分布式发电系统的微网技术研究综述 [J]. 电网技术, 2009, 33 (9): 14-18, 34.

[3] 王成山, 武震, 李鹏. 微电网关键技术研究 [J]. 电工技术学报, 2014, 29 (2): 1-12.

[4] GUERRERO J M, CHANDORKAR M, LEE T-L, et al. Advanced control architectures for intelligent micro-grids—part I: decentralized and hierarchical control [J]. IEEE Transactions on Industrial Electronics, 2012, 60 (4): 1254-1262.

[5] GUERRERO J M, VASQUEZ J C, MATAS J, et al. Hierarchical control of droop-controlled AC and DC mi-crogrids—a general approach toward standardization [J]. IEEE Transactions on Industrial Electronics, 2010, 58 (1): 158-172.

[6] 哈兹阿伊里乌. 微电网: 架构与控制 [M]. 陶顺, 陈萌, 杨洋, 译. 北京: 机械工业出版社, 2015.

[7] VANDOORN T L, VASQUEZ J C, DE KOONING J, et al. Microgrids: Hierarchical control and an overview of the control and reserve management strategies [J]. IEEE Industrial Electronics Magazine, 2013, 7 (4): 42-55.

[8] SAHOO S K, SINHA A K, KISHORE N K. Control techniques in AC, DC, and hybrid AC – DC microgrid: a review [J]. IEEE Journal of Emerging and Selected Topics in Power Electronics, 2018, 6 (2): 738-759.

[9] 杨新法, 苏剑, 吕志鹏, 等. 微电网技术综述 [J]. 中国电机工程学报, 2014, 34 (01): 57-70.

[10] ROCABERT J, LUNA A, BLAABJERG, et al. Control of power converters in AC microgrids [J]. IEEE Transactions on Power Electronics, 2012, 27 (11): 4734-4749.

［11］ DRAGIČEVIĆ T，LU X，VASQUEZ J C，et al. DC microgrids—part I：a review of control strategies and stabilization techniques［J］. IEEE Transactions on Power Electronics，2016，31（7）：4876-4891.

［12］ 叶宇剑，袁泉，汤奕，等. 抑制柔性负荷过响应的微网分散式调控参数优化［J］. 中国电机工程学报，2022，42（05）：1748-1760.

［13］ HIRSCH A，PARAG Y，GUERRERO J. Microgrids：a review of technologies，key drivers，and outstanding issues［J］. Renewable and Sustainable Energy Reviews，2018，90：402-411.

第2章　微电网中的变流器

2.1　微电网中常见的电力电子变流器拓扑

微电网中含有大量的分布式能源和负载,这些分布式能源和负载有着不同的电气特性,如光伏、电池的输入/输出为不同幅值的直流电,而风机、电动机的输入/输出为不同幅值、不同频率的交流电。电力电子变流器可以实现例如电压、频率、相位等电气特性的变换,因此,需要利用电力电子变流器作为分布式能源/负载和微电网母线的连接设备,实现不同电压类型间的变换。目前电力电子变流器有着多种电路拓扑,下文将根据输入/输出电压类型和电平数介绍微电网中常见的变流器拓扑。

2.1.1　不同输入输出电压类型的变流器

根据分布式能源、负载、微电网母线的电压类型,可以为变流器建立起不同的分类标准。微电网中的常见变流器类型有 AC-DC 变流器、DC-AC 变流器、DC-DC 变流器和 AC-AC 变流器。其中,AC-DC 变流器可以将交流电变为直流电,主要用于交流电源/负载并入直流微电网。DC-AC 变流器可以将直流电变为交流电,主要用于直流电源/负载并入交流微电网。AC-DC 变流器和 DC-AC 变流器往往具有一致的拓扑结构,两者的主要差别在于功率流向的不同,AC-DC 变流器中功率从交流侧流向直流侧,DC-AC 变流器中功率从直流侧流向交流侧。受限于篇幅,本书主要针对微电网中常用的 DC-AC 变流器讲解,不对 AC-DC 做具体介绍。

1. DC-AC 变流器

交流微电网的母线有单相母线和三相母线这两种类型,因此 DC-AC 变流器又可以分为单相 DC-AC 变流器和三相 DC-AC 变流器。单相 DC-AC 变流器拓扑如图 2-1 所示,拓扑结构两侧分别为交流侧和直流侧。其中图 2-1a 为半桥结构,仅包括 2 个开关管;图 2-1b 为全桥结构,由两个半桥结构组成。三相 DC-AC 变流器拓扑如图 2-2 所示,可以看作 3 个半桥的 DC-AC 变流器组成,拓扑两侧分别为三相交流侧和直流侧。

2. AC-AC 变流器

AC-AC 变流器可以将输入的交流电变换为其他幅值和频率的交流电,在微电网中主要用于交流分布式电源/负载和交流微电网的连接。和 DC-AC 变流器类似,根据交流电的相数,AC-AC 变流器可以分为单相 AC-AC 变流器和三相 AC-AC 变流器。此外,根据变流器内部是否有直流环节,AC-AC 变流器可以分为直接方式(无中间直流环节)和间接方式(有中间直流环节)。典型的三相背靠背变流器如图 2-3 所示,可以看作由一台 AC-DC

变流器和一台 DC-AC 变流器组成。变流器两侧为交流输入侧和交流输出侧，中间包括直流环节。

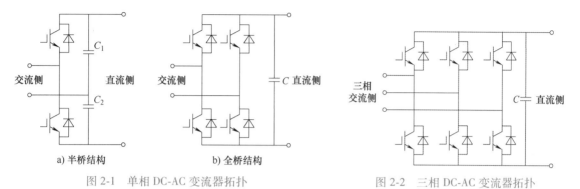

图 2-1 单相 DC-AC 变流器拓扑

a) 半桥结构   b) 全桥结构

图 2-2 三相 DC-AC 变流器拓扑

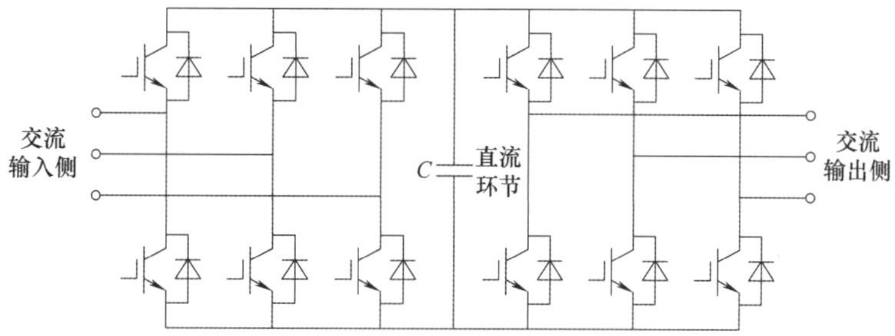

图 2-3 三相背靠背变流器

3. DC-DC 变流器

DC-DC 变流器可以实现直流变流，能够将一定幅值的直流电变换成另一幅值的直流电，一般用于将光伏、电池等直流源接入直流微电网母线。DC-DC 变流器根据是否包含电气隔离环节分为非隔离型变流器和隔离型变流器。非隔离型变流器常用 Buck 或 Boost 变流器，隔离型变流器微电网中使用频率较高的两种 DC-DC 变流器分别为双向有源桥变流器与 LLC 谐振变流器，它们的结构分别如图 2-4~图 2-6 所示。

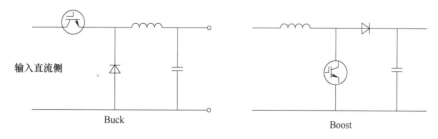

图 2-4 Buck 及 Boost 变流器原理图

双向有源桥变流器可以看作一个整流环节和一个逆变环节，输入直流侧将直流电逆变成一个交流电，这个交流电再经过隔离变压器后，整流成输出直流侧的直流电压。在这个过程中，可以通过调节两个全桥电路的相位差来控制变流器输出功率的大小和流向，实现功率的双向流动。因此双向有源桥变流器在微电网中常用于需要实现功率双向流动的场景。

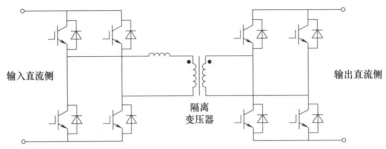

图 2-5 双向有源桥变流器原理图

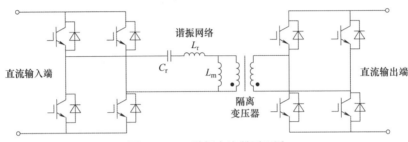

图 2-6 LLC 谐振变流器原理图

LLC 谐振变流器的关键在于谐振网络,谐振网络由电容 C_r、电感 L_r 和电感 L_m 组成。通过调节变流器的开关频率,使得谐振电路在不同的频率下工作,从而改变变流器的输出电压或电流。此外,谐振电路工作在特定频率下时,使得电流和电压为正弦波,从而在一定条件下实现了变流器的软开关,降低了变流器的损耗,提高了变流器的效率。但另一方面,谐振电路需要工作在特定频率下,当变流器的电压电流等级提升时,谐振电路中电感、电容的选型更加困难。

2.1.2 不同输出电平数的变流器

在电力电子变流器中,电平用于描述变流器输出电压所具有的离散等级数目,根据微电网中所需应用场景和性能要求,可以采用不同数量的电平来实现不同电压等级的功率变换。

1. 两电平变流器

两电平变流器受限于开关管的耐压能力,往往用于电压等级较低的微电网中。如 2.1.1 节所示,两电平变流器有着半桥拓扑和全桥拓扑,此处以半桥电路为例说明两电平变流器的原理。不同开关状态下半桥电路的对应电路如图 2-7 所示,图中蓝线为电流可能的流向。因为电路中两个开关管同时导通会导致电路短路,需要避免这种开关状态,因此半桥电路总共由 3 种开关状态。可以看到,开关状态 1 中,交流侧的电压为 $+V_{dc}$,开关状态 2 中,交流侧的电压为 $-V_{dc}$;开关状态 3 中,交流侧和直流侧断开连接,对应的总结见表 2-1。因此半桥电路只能输出 $\pm V_{dc}$ 这两种电平,所以半桥电路为两电平变流器。

表 2-1 半桥变流器的开关状态

	开关 S_1	开关 S_2	交流侧输出电平
状态 1	导通	关断	$+V_{dc}$
状态 2	关断	导通	$-V_{dc}$
状态 3	关断	关断	无

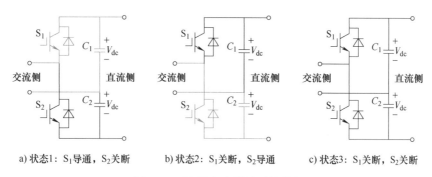

a) 状态1：S_1导通，S_2关断   b) 状态2：S_1关断，S_2导通   c) 状态3：S_1关断，S_2关断

图 2-7 两电平变流器的开关状态

2. 多电平变流器

为提高变流器的耐压等级，实现变流器在更高电压微电网中的应用，文献［1］提出了多电平变流器。多电平变流器有着多种拓扑结构，包括 T 型三电平、I 型三电平、MMC、级联 H 桥等。其中 T 型三电平和 I 型三电平常用于微电网中低压等级的 DC-AC 能量变换，而 MMC 和级联 H 桥往往用于中高电压等级的 DC-AC 能量变换。此处主要介绍 T 型三电平和 I 型三电平的变流器结构。

T 型三电平电路的结构如图 2-8 所示，和两电平电路类似，同样包括交流侧和直流侧。不同的是，T 型三电平包括了 4 个开关管（$S_1 \sim S_4$）。

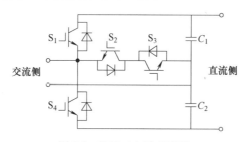

图 2-8 T 型三电平变流器

为避免直流侧的直通，T 型三电平电路中 S_1 和 S_3 开关信号互补，S_2 和 S_4 互补，因此可以得到不同开关状态下变流器的导通线路如图 2-9 所示。开关状态 1 中，交流侧的电压为 $+V_{dc}$，开关状态 2 中，交流侧的电压为 $-V_{dc}$；开关状态 3 中，交流侧和直流侧中点相连，交流侧输出为 0。对应的总结见表 2-2。因此，T 型三电平电路可以输出 $\pm V_{dc}$、0 这三种电平。

表 2-2 T 型三电平变流器的开关状态

	开关 S_1	开关 S_2	开关 S_3	开关 S_4	交流侧输出电平
状态 1	导通	导通	关断	关断	$+V_{dc}$
状态 2	关断	关断	导通	导通	$-V_{dc}$
状态 3	关断	导通	导通	关断	0

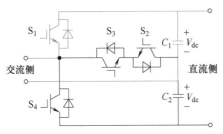
a) 状态1：S_1、S_2导通，S_3、S_4关断

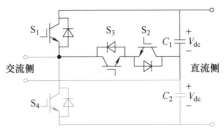
b) 状态2：S_3、S_4导通，S_1、S_2关断

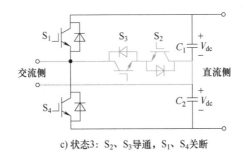
c) 状态3：S_2、S_3导通，S_1、S_4关断

图 2-9 T型三电平变流器导通线路

I型三电平电路的结构如图 2-10 所示，和两电平电路类似，同样包括交流侧和直流侧。不同的是，I型三电平包括了 4 个开关管（$S_1 \sim S_4$）。I型三电平可以输出零电平，具体说明如下：

为避免直流侧的电压直接加压在钳位二极管上，I型三电平电路中 S_1 和 S_3 开关信号互补，S_2 和 S_4 互补，且 S_1 和 S_4 不能同时导通。因此可以得到不同开关状态下变流器的导通线路如图 2-11 所示。可以看到，开关状态 1 中，交流侧的电压为 $+V_{dc}$，开关状态 2 中，交流侧的电压为 $-V_{dc}$；开关状态 3 中，交流侧和直流侧中点相连，交流侧输出为 0，对应的总结见表 2-3。需要说明的是，根据电流方向的不同，开关状态 3 的导通路径有两种，见图 2-11c 和 d。因此，I型三电平电路可以输出 $\pm V_{dc}$、0 这三种电平。

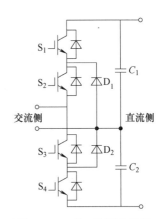
图 2-10 I型三电平变流器

表 2-3 I型三电平变流器的开关状态

	开关 S_1	开关 S_2	开关 S_3	开关 S_4	交流侧输出电平
状态 1	导通	导通	关断	关断	$+V_{dc}$
状态 2	关断	关断	导通	导通	$-V_{dc}$
状态 3	关断	导通	导通	关断	0

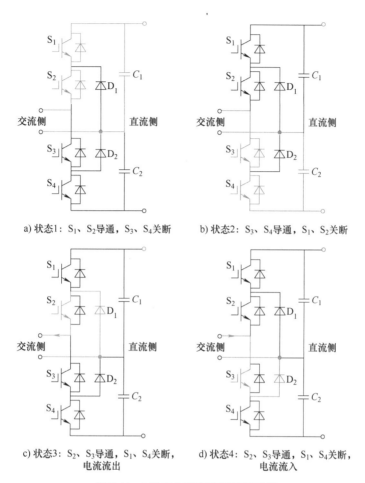

a) 状态1: S_1、S_2导通，S_3、S_4关断   b) 状态2: S_3、S_4导通，S_1、S_2关断

c) 状态3: S_2、S_3导通，S_1、S_4关断，   d) 状态4: S_2、S_3导通，S_1、S_4关断，
　　　　　 电流流出　　　　　　　　　　　　　　　　电流流入

图 2-11　Ⅰ型三电平变流器导通线路

2.2　微电网中的 DC-AC 功率变换

　　微电网根据母线电压的类型可以分为直流微电网和交流微电网，两种微电网中有着不同的变流器，本章主要聚焦交流微电网中的变流器，直流微电网中的变流器将在后续章节中专门介绍。交流微电网中，根据分布式电源/负载的电压类型，直流分布式电源/负载采用 DC-AC 变流器实现并网，交流分布式电源/负载采用 AC-AC 实现并网。其中，AC-AC 变流器中无直流环节的拓扑（如矩阵变流器），往往控制较为复杂，因此目前微电网中 AC-AC 变流器更多地采用了 AC-DC-AC 的拓扑结构，其中 AC-DC 变流器用于控制交流分布式电源/负载的输出特性，DC-AC 变流器用于控制交流分布式电源/负载的并网特性。因此，为保证微电网母线的正常工作，DC-AC 变流器的研究显得尤为重要。

2.2.1　单相及三相 DC-AC 功率变换

　　根据微电网中交流母线相数的不同，微电网中的 DC-AC 功率变换可以分为单相功率变换和三相功率变换。

1. 单相 DC-AC 功率变换

单相 DC-AC 变流器的输出功率较三相 DC-AC 变流器的输出功率较小，因此常用于小容量光伏并网、储能等小功率场合[2]。对应的结构如图 2-12 所示，其中变流器直流侧直接与光伏/储能等直流源连接，变流器的交流侧输出单相的交流电压，通过滤波器后与单相微电网相连。

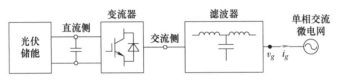

图 2-12 单相变流器的并网结构

假设单相 DC-AC 变流器交流输出电压 v_g、电流 i_g 分别为 $v_g(t)=V\cos(2\pi ft)$，$i_g(t)=I\cos(2\pi ft+\varphi)$。其中，$V$ 和 I 分别为电压电流的幅值，f 为微电网的母线电压频率，φ 为电流相位。由此可得单相变流器的输出功率为

$$P=v_g i_g=\frac{VI}{2}\left[\cos\varphi+\cos(2\omega t+\varphi)\right] \tag{2.1}$$

对应的波形如图 2-13 所示。可以看到，输出功率中除了常数外，还包括一个 2 倍频量。因此，单相 DC-AC 变流器难以输出恒定的功率，对变流器的滤波、功率控制造成了挑战。

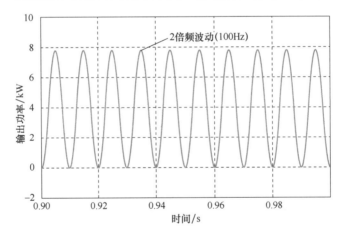

图 2-13 单相变流器的输出功率（基频：50Hz，$M=311$V，$I=25$A，$\varphi=0°$）

2. 三相 DC-AC 功率变换

三相 DC-AC 变流器的输出功率通常较大，常用于大容量光伏、风电并网等场合，结构如图 2-14 所示，其中图 2-14a 为三相光伏并网系统，图 2-14b 为风电并网系统。三相光伏并网系统和单相光伏并网系统类似，不同之处在于三相光伏并网系统的交流侧为三相结构，连接微电网为三相交流微电网。图 2-14b 的风电并网系统中，风电通过 AC-DC-AC 变流器并入三相微电网。需要注意的是，除图 2-14b 所示结构外，风电并网还有着其他系统结构，但这些结构和图 2-14b 相同之处在于，都需要一个三相 DC-AC 变流器与三相交流微电网相连。因本书聚焦于微电网相关的内容，主要关注并网的 DC-AC 变流器，因此对其他并网结构不做过多介绍。

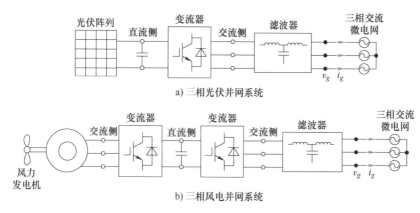

a) 三相光伏并网系统

b) 三相风电并网系统

图 2-14　三相变流器的并网结构

和单相 DC-AC 功率变换相比,三相 DC-AC 功率变换除了功率更大外,还有着输出功率为定值的优点。定义三相电压、电流为

$$\begin{cases} v_{ga} = V\cos(2\pi ft) \\ v_{gb} = V\cos\left(2\pi ft - \dfrac{2}{3}\pi\right) \\ v_{gc} = V\cos\left(2\pi ft + \dfrac{2}{3}\pi\right) \end{cases} \tag{2.2}$$

$$\begin{cases} i_{ga} = V\cos(2\pi ft + \varphi) \\ i_{gb} = V\cos\left(2\pi ft - \dfrac{2}{3}\pi + \varphi\right) \\ i_{gc} = V\cos\left(2\pi ft + \dfrac{2}{3}\pi + \varphi\right) \end{cases} \tag{2.3}$$

对应求得的输出功率为

$$P = v_{ga}i_{ga} + v_{gb}i_{gb} + v_{gc}i_{gc} = \frac{3}{2}VI\cos\varphi \tag{2.4}$$

可以看到,三相 DC-AC 变流器的输出功率为恒定值,更有利于微电网的运行。

根据接线方式的不同,三相电流型变流器又可分为三相三线制与三相四线制,分别如图 2-15 和图 2-16 所示。在三相三线制电流型变流器中,直流环节的中点 M 和交流微电网的中性点 N 并不相连,根据基尔霍夫电流定律,三相电流之和恒为 0,因此交流电中没有零序电流。在三相四线制电流型变流器中,直流环节的中点 M 和交流微电网的中性点 N 直接相连,由于有第四根线旁路,三相电流之和可以不为 0,因此交流电中可以有零序电流。

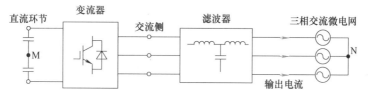

图 2-15　三相三线制电流型变流器

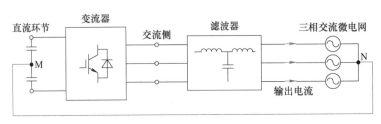

图 2-16　三相四线制电流型变流器

　　两种结构下的输出电流如图 2-17 所示，两个系统除结构外其他参数均相同，变流器的开关频率为 10kHz。变流器的给定电流在 0.5s 时发生阶跃，从 30A 幅值阶跃到 60A 幅值。观察两种结构下输出电流的波形可以看到，三相四线制系统中，因为有着零序回路的存在，输出电流在暂态过程中包含了明显的直流偏置；而三相三线制系统中，没有零序电流回路的存在，输出电流在暂态过程中没有直流偏置。此外，两种结构的电流谐波也不同：开关频率处的电流谐波为零序量，开关频率边频带的电流谐波为非零序量[3]。对稳态下变流器的输出电流做 FFT 分析，观察开关频率附近的电流谐波可以看到，三相四线制系统中既含有非零序的 9.9kHz 和 10.1kHz 电流谐波，也含有零序的 10kHz 电流谐波。而三相三线制系统中只含有非零序的 9.9kHz 和 10.1kHz 电流谐波。

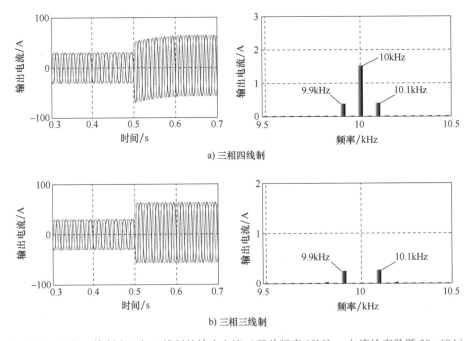

图 2-17　三相四线制和三相三线制的输出电流（开关频率 10kHz，电流给定阶跃 30~60A）

　　实际工程系统中，变流器往往通过变压器并入三相交流微电网，结构如图 2-18 所示，变压器位于滤波器和三相交流微电网之间，变压器常采用星形或三角形结构。因为星-三角变压器的特殊结构，星-三角变压器两侧没有零序通路连接，因此，图 2-18 所示系统可以视作三相三线制系统。因此微电网中三相三线制系统更加常见，本文主要聚焦于三相三线制系统。

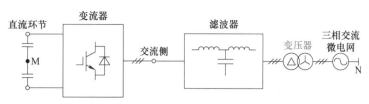

图 2-18　实际工程中含变压器的并网系统

2.2.2　电流控制型及电压控制型 DC-AC 功率变换

DC-AC 变流器的交流侧与微电网的母线相连，因此 DC-AC 变流器的交流侧控制系统对微电网的正常运行有着重要的作用。根据交流侧控制目标的不同，DC-AC 变流器又可以分为电流控制型变流器和电压控制型变流器。

1. 电流控制型变流器

结构如图 2-19a 所示，此处聚焦交流侧的控制系统，直流侧不再做详细区分，变流器通过滤波器和交流微电网母线相连。电流控制型变流器和电压控制型变流器的最大区别就在于两者的控制系统：电流控制型变流器采用电流控制系统，根据电流给定信号 i_{gref} 和采样的输出电流信号 i_g 调节变流器的输出电流。电流控制型变流器对应的等效电路图如图 2-19b 所示，可以等效为一个受控电流源并联变流器输出阻抗。当电流控制系统可以实现电流的无静差跟踪时，受控电流源的给定为电流控制系统的电流给定 i_{gref}。变流器的输出阻抗则是受电流控制系统和滤波器共同影响。需要注意的是，因为电流控制型变流器仅控制变流器的输出电流，不控制微电网的母线电压，所以交流微电网母线还需要连接其他的电压源保证母线电压的稳定。

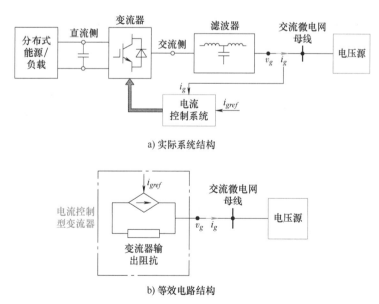

a) 实际系统结构

b) 等效电路结构

图 2-19　电流控制型变流器

电流控制型变流器可以准确控制变流器的输出电流，而微电网的母线电压通常维持恒定，仅在很小的范围内波动。因此电流控制型变流器在微电网中常用于给定功率输出的场景，如有源滤波器、无功补偿、新能源发电等。

2. 电压控制型变流器

电压控制型变流器采用电压控制系统，结构如图 2-20a 所示，根据电压给定信号 v_{gref} 和采样的输出电压信号 v_g 调节变流器的输出电压。对应的等效电路图如图 2-20b 所示，电压控制型变流器可以等效为一个受控电压源和串联的变流器输出阻抗。当电压控制系统可以实现电压的无静差跟踪时，受控电压源的给定为电压控制系统的电压给定 v_{gref}。和电流控制型变流器类似，电压控制型变流器的输出阻抗则是受电压控制系统和滤波器共同影响。此处因为交流微电网的母线电压可以由电压控制型变流器支撑，因此可以独立带载运行。

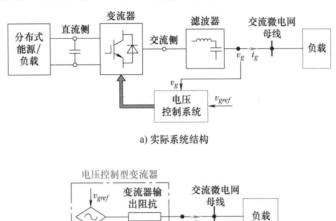

a) 实际系统结构

b) 等效电路结构

图 2-20　电压控制型变流器

电压控制型变流器可以通过控制输出电压调节微电网中母线电压，因此电压控制型变流器常用于需要利用变流器支撑微电网母线电压的场景，如孤岛下的微电网。

2.3　DC-AC 变流器的脉冲宽度调制

脉冲宽度调制（Pulse Width Modulation，PWM）简称脉宽调制，是将模拟信号转变为等效脉冲的一种技术。通过调整一系列脉冲的宽度，可以获得具有不同形状的目标波形。

脉宽调制的理论基础在于面积等效原理——冲量相等而形状不同的窄脉冲加在具有惯性的环节上时，其效果基本相同。从频域角度分析，若对上述窄脉冲作傅里叶变换，可知其低频分量基本相近，而差异主要存在于高频段。由于惯性环节具有低通特性，故输出响应波形趋于一致。

为了更好地阐述脉冲宽度调制在变流器中的作用，图 2-21 给出了一种典型的并网变流器控制框图，如图 2-21 所示，采样信号一路送入控制器中，用于控制计算；另一路送入锁相环（Phase Locked Loop，PLL）中，用于提取坐标变换所需的相位信息。参考给定输入到控制器中，与采样信号对比得到误差值，并经过特定算法处理后，生成控制信号。控制信号经过脉冲宽度调制环节，生成方波形式的驱动信号。驱动信号输入到三相半桥中，用于控制功率半导体器件的开通与关断。随着功率半导体器件的开关，三相半桥输出高频方波电压，经滤波器滤除高频分量后，将基频电压/电流馈入三相交流微电网。

为了生成 PWM 信号，需要输入调制波和载波。其中，调制波就是目标输出波形；而载波则是用于承载调制波的高频波，通常采用等腰三角波或锯齿波，又以等腰三角波应用最为广泛。当调制波是正弦波时，生成 PWM 信号的脉冲宽度按照正弦规律变化，故称为正弦脉宽调制（Sinusoidal PWM，SPWM）波形。

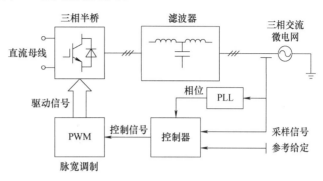

图 2-21 并网变流器控制框图

SPWM 一般可分为单极性调制和双极性调制。对于单极性调制而言，在调制波的半周期之内，载波只在正极性或负极性这一种极性范围内变化，其输出电压仅能单一地大于等于或小于等于零电平。对于双极性调制而言，在调制波的半周期之内，载波始终在正负极性之间切换。微电网中的三相两电平变流器中多采用双极性调制，因此后续分析均围绕双极性 SPWM 展开。

图 2-22 给出了双极性 SPWM 的调制与输出波形，图 2-22a 中控制信号 v_{control} 是正弦波，即为调制波；而载波 v_{tri} 是等腰三角波。将调制波和载波作比较：若调制波高于载波，则对应于图 2-22b 方波的高电平；若调制波低于载波，则对应于图 2-22b 方波的低电平。至此连续的调制信号经脉宽调制，转变为宽度按照正弦规律变化的脉冲序列。若将这一组脉冲序列通过低通滤波器，可重新获得正弦波。

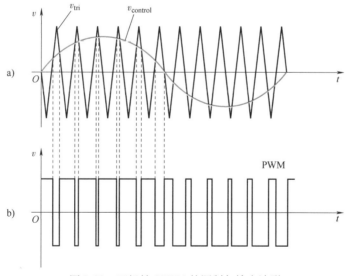

图 2-22 双极性 SPWM 的调制与输出波形

2.3.1 变流器 PWM 环节及半桥电路的数学建模

在上文中已经分析了正弦波转换为脉冲序列的基本实现原理。这种脉冲序列可以用于控制功率半导体器件的开通和关断，从而对直流母线电压进行斩波，并生成电压方波。可见，

PWM 环节和半桥电路共同实现了从正弦控制信号到功率方波的转换。

本小节将建立 PWM 环节和半桥电路的数学模型，为后续的逆变器建模与控制设计提供支撑。需要说明的是，由于基波频率一般远低于开关频率，因此在三相三线制系统中，三相半桥电路可以视作三个基波相位互差120°的单相半桥电路组合。为简化分析，本小节将基于单相半桥 DC-AC 拓扑展开建模，如图 2-23 所示。

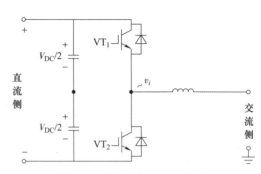

图 2-23　单相半桥 DC-AC 拓扑

在上图半桥电路中，直流电容电压均为 $V_{DC}/2$。两个功率半导体器件 VT_1 与 VT_2 可以分别工作在开通或关断状态，则半桥桥臂有四种输出状态，见表 2-4。

表 2-4　单相半桥的输出状态

VT_1 开关状态	VT_2 开关状态	输出状态
ON	ON	直流侧短路
ON	OFF	状态 1
OFF	ON	状态 2
OFF	OFF	输出断路

在运行过程中，桥臂主要处于输出状态 1 和 2。其中，状态 1 对应桥臂输出电压 $v_i(t) = +V_{DC}/2$，状态 2 对应桥臂输出电压 $v_i(t) = -V_{DC}/2$。则桥臂输出电压 $v_i(t)$ 可以写成

$$v_i(t) = \begin{cases} +\dfrac{V_{DC}}{2} & VT_1\text{开通}, VT_2\text{关闭} \\ -\dfrac{V_{DC}}{2} & VT_2\text{开通}, VT_1\text{关闭} \end{cases} \tag{2.5}$$

首先对开关状态进行数学建模，引入开关状态函数为

$$S(t) = \begin{cases} 1 & VT_1\text{开通}, VT_2\text{关闭} \\ 0 & VT_2\text{开通}, VT_1\text{关闭} \end{cases} \tag{2.6}$$

用开关状态函数 $S(t)$ 来描述桥臂输出电压为

$$v_i(t) = \frac{V_{DC}}{2}[2S(t)-1] \tag{2.7}$$

由于 $v_i(t)$ 是在正负两种极性之间不断跳变的脉冲电压，如图 2-22b 所示，因此需要对其求开关平均值，从而转化为连续函数。求开关平均值的表达式如下：

$$\langle v_i(t) \rangle_{T_{sw}} = \frac{1}{T_{sw}} \int_t^{t+T_{sw}} v_i(\tau)\,\mathrm{d}\tau \tag{2.8}$$

式中，T_{sw} 为开关周期。

在上式中代入桥臂输出电压 $v_i(t)$ 的解析式，可得

$$\langle v_i(t) \rangle_{T_{sw}} = \frac{V_{DC}}{2}[2\langle S(t) \rangle_{T_{sw}}-1] \tag{2.9}$$

在此，定义占空比为一个开关周期内导通时间与开关周期之比。假设 VT_1 的占空比为 $D(t)$，则 VT_2 的开关占空比为 $D'(t) = 1 - D(t)$。则开关状态函数 $S(t)$ 的开关平均值等于 $D(t)$，如下：

$$\langle S(t) \rangle_{T_{sw}} = D(t) \tag{2.10}$$

联立上述两式，可得桥臂输出电压的连续函数表达式为

$$\langle v_i(t) \rangle_{T_{sw}} = \frac{V_{DC}}{2} \big[2D(t) - 1 \big] \tag{2.11}$$

可以看出，桥臂输出电压的开关周期平均值只与直流侧电压和占空比相关。由于直流侧电压一般而言是稳定的，接下来将重点推导占空比的表达式。

假设开关频率 $f_{sw} = 1/T_{sw}$ 远大于调制波 $v_m(t)$ 的频率，则在单开关周期内可以认为 $v_m(t)$ 是常数。图 2-24 给出了双极性 SPWM 的几何示意图，由图可知，开关函数的高电平与低电平时间之比，等同于三角形高度之比。基于该几何关系，可以写出占空比 $D(t)$ 与调制波取值 v_m、载波幅值 V_{tri} 的关系为

$$D(t) = \frac{V_{tri} + v_m(t)}{2V_{tri}} = \frac{1}{2}\left(1 + \frac{v_m(t)}{V_{tri}}\right) \tag{2.12}$$

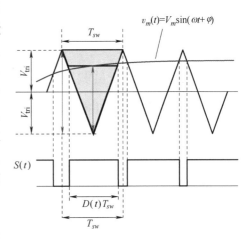

图 2-24　双极性 SPWM 几何示意图

联立上述两式可得

$$\langle v_i(t) \rangle_{T_{sw}} = \frac{V_{DC}}{2} \cdot \frac{v_m(t)}{V_{tri}} \tag{2.13}$$

改写为传递函数的形式如下：

$$\frac{\langle v_i(t) \rangle_{T_{sw}}}{v_m(t)} = \frac{V_{DC}}{2V_{tri}} \tag{2.14}$$

上式描述了调制带来的增益，即调制后输出的脉冲信号与调制波之间的比例关系。如果开关频率 f_{sw} 足够大，则对于低频分量（远低于开关频率 f_{sw}）而言，PWM 过程的增益 K_{PWM} 如下：

$$K_{PWM} = \frac{V_i(s)}{V_m(s)} = \frac{V_{DC}}{2V_{tri}} \tag{2.15}$$

由上式可知，PWM 环节的增益与直流母线电压 V_{DC} 和载波幅值 V_{tri} 相关。在实际设计中，通常希望 PWM 环节的增益是恒定的，从而在不同的电压和载波幅值下确保控制特性稳定。为了实现这一目标，需要对 PWM 环节做归一化处理，即在调制波输入端串联 $2V_{tri}/V_{DC}$ 增益环节。至此，归一化后的 PWM 环节具有单位增益。

除了增益之外，PWM 环节还会引入延时环节。如图 2-25 所示，控制采样、控制值装载一般与载波同

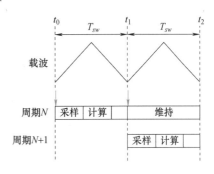

图 2-25　控制与调制延时示意图

步，并发生在载波的谷值（或峰值）处。以 t_0 时刻为例，此时为周期 N 的采样触发点；在 $t_0 \sim t_1$ 之间，控制器完成采样转换、数据计算，并生成控制值，等待装载；在 t_1 时刻，周期 N 的控制值装载进比较器，并生成对应脉冲，该脉冲周期为 $t_1 \sim t_2$。需要说明的是，周期 $N+1$ 在 t_1 时刻触发采样，并在 t_2 时刻装载控制值，两个周期之间存在并行操作。

对于周期 N，从采样到装载的过程引入 T_{sw} 延迟；而装载后，固定宽度脉冲周期为 T_{sw}，该脉冲在 t_1 时刻延迟为 0，在 t_2 时刻延迟为 T_{sw}，故平均延迟为 $0.5T_{sw}$。可见，控制与 PWM 环节共同引入 $1.5T_{sw}$ 的延时。在建模时，一般习惯将控制和 PWM 环节的延时合并为一个延时环节。则归一化后考虑延时的 PWM 环节数学模型为

$$K_{PWM}(s) = \frac{V_i(s)}{V_m(s)} = e^{-1.5sT_{sw}} \tag{2.16}$$

2.3.2　变流器空间矢量调制及等效

前面介绍了 SPWM，并推导了 PWM 及半桥电路的数学建模。由于 SPWM 是直接将基频调制波与载波作比较生成的，其输出相电压的最大幅值只能达到 $V_{DC}/2$。若调制波幅值进一步增大，则称为过调制。

过调制一般发生在负载突变和直流电压波动的情况下，可能引入大量低频谐波。为了避免过调制的发生，应当合理设计直流母线电压，限制调制波、占空比的合理取值范围。除此之外，也可以采用直流电压利用率更高的调制方法——空间矢量脉宽调制（Space Vector Pulse Width Modulation，SVPWM）[4]，从而在相同的直流母线电压下输出更高的交流电压。

本小节将对 SVPWM 的基本原理和实现方法进行阐述。需要明确的是，三相对称正弦电压可以转换为复平面上运动轨迹为正圆的旋转矢量。基于该理念，"如何控制逆变器输出三相正弦电压"这个问题，可以转换为一个新问题——"如何控制逆变器生成一个运动轨迹为正圆的复矢量"，这也正是 SVPWM 的核心思想。

图 2-26 给出了一种典型的三相两电平逆变拓扑。首先定义开关状态 $S_k (k=a, b, c)$：若 k 相半桥的上管开通、下管关断，则该桥臂的开关状态 $S_k = 1$；若 k 相半桥的上管关断、下管开通，则该桥臂的开关状态 $S_k = 0$。所以，三相两电平逆变器共存在 8 种开关状态组合，分别对应 8 个空间矢量，即 $\{V_1, V_2, V_3, V_4, V_5, V_6, V_7, V_8\} = \{100, 110, 010, 011, 001, 101, 111, 000\}$。

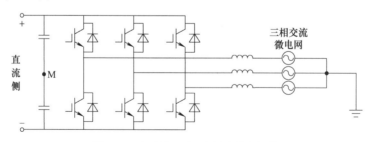

图 2-26　典型的三相两电平逆变拓扑

图 2-27 给出了基本电压空间矢量图。其中，V_1 到 V_6 为非零空间矢量，矢量间隔 60°；V_7 和 V_8 为零空间矢量。对于在一个基波周期内仅使用 6 个非零电压空间矢量的逆变器，称之为六拍逆变器，其开关状态变化 6 次，每次间隔 1/6 基波周期。六拍逆变器输出电压矢量

的运动轨迹是正六边形，与正圆差异较大，这意味着输出电压波形并非理想正弦。

为了使输出电压矢量的运动轨迹趋近于圆，需要生成更多的电压空间矢量，这可以通过 8 种基本电压矢量的线性叠加实现。如图 2-28 所示，目标电压矢量 V_{ref} 可以分解到基本电压矢量 V_1 和 V_2 方向上；通过选取合适的作用时间 t_1 和 t_2，V_1 和 V_2 可以线性叠加成 V_{ref}。需要说明的是，t_1+t_2 应当小于 T_{sw}，且 $T_{sw}=t_1+t_2+t_0$，其中 t_0 是零电压矢量的作用时间。这就是空间矢量调制的基本实现方法。

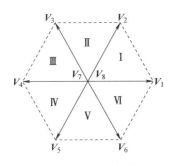

图 2-27　基本电压空间矢量

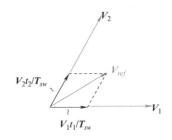

图 2-28　基本电压空间矢量的线性叠加

相比于 SPWM 仅能输出 $V_{DC}/2$ 的最大相电压，SVPWM 输出的相电压幅值可达 $0.577V_{DC}$，即直流利用率提高到了 1.15 倍[5]。这是 SVPWM 的核心优势，能够在相同直流电压下输出更高的相电压。另一方面，SVPWM 的实现相比于 SPWM 是更为复杂的，需要消耗更多的计算资源。

图 2-29 给出了 SPWM 和 SVPWM 的调制波形及傅里叶分析。如图 2-30a 所示，SPWM 的调制波是正弦波，而 SVPWM 的调制波是鞍形波；如图 2-30b 所示，SPWM 的频谱上仅包含 50Hz 基波分量，而 SVPWM 的频谱上除了基波之外还包含三倍频为主的零序分量。从时域分析，由于零序分量的谷值正好对基波的峰值进行了一定程度的抵消，从而降低了调制波的峰值。因此 SVPWM 能够在相同直流电压下输出更高的基频相电压分量。

然而，SVPWM 中零序分量的存在，意味着这种调制不适用于存在零序电流通路的拓扑，例如常见的三相四线制系统。同时，这也反映了 SVPWM 实际上是一种带零序谐波注入的 SPWM 特例。在工程实现中，通常用图 2-30 中的方法来等效实现 SVPWM，从而在保有高直流利用率的同时，避免复杂的空间矢量叠加计算。

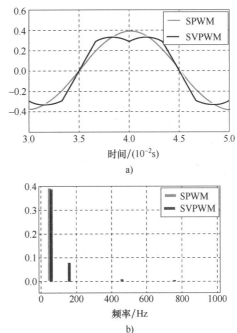

图 2-29　SPWM 及 SVPWM 的调制波形及傅里叶分析

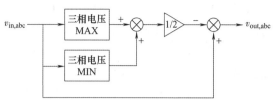

图 2-30 SVPWM 的调制波等效实现方法

2.4 三相交流系统坐标变换

在交流微电网中，变流器的控制目标通常是交流电压电流。根据内模原理[6]可知，PI 控制器是无法对交流信号进行无静差跟踪的。为了解决这个问题，本节将介绍两种广泛应用的坐标变换方法，从而将时变的三相交流量转变为时不变的直流量。

2.4.1 从 abc 坐标系到 αβ0 坐标系

常见的正序三相电压表达式如下所示：

$$v_{abc} = \begin{bmatrix} v_a \\ v_b \\ v_c \end{bmatrix} = V_m \begin{bmatrix} \cos(\omega t + \varphi) \\ \cos\left(\omega t + \varphi - \dfrac{2\pi}{3}\right) \\ \cos\left(\omega t + \varphi + \dfrac{2\pi}{3}\right) \end{bmatrix} \tag{2.17}$$

这组表达式描述了平面 abc 坐标系中的三相旋转电压矢量，如图 2-31 所示。

由于平面矢量可以通过二维坐标系进行描述，为了简化计算，可建立 αβ 平面静止坐标系，如图 2-32 所示。图中，αβ 轴相互垂直，且 α 轴与 a 轴重合。αβ0 坐标系中的 $v_{αβ}$ 与平面 abc 坐标系中的 v_{abc} 重合。

考虑到零序分量的存在，定义零轴垂直于 αβ 坐标平面，则可以建立三维的 αβ0 坐标系。相应地，也可以建立三维 abc 坐标系。图 2-33 画出了这两种坐标系以及空间电

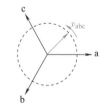

图 2-31 平面 abc 坐标系及旋转电压矢量 v_{abc}

压矢量，图中 abc 空间坐标系的三轴相互垂直，其在 αβ 平面的投影与平面 abc 坐标系重合。

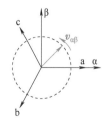

图 2-32 平面 αβ 坐标系及旋转电压矢量 $v_{αβ}$

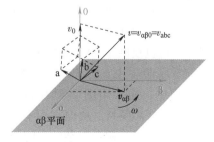

图 2-33 静止 abc 与 αβ0 空间坐标系

微电网中的变流器

Clarke 变换,就是将 abc 空间坐标系中的矢量坐标转换到 αβ0 坐标系中。Clarke 变换可以采用幅值不变原则或功率不变原则。

若采用幅值不变原则,则 a 相电压幅值与 α 轴电压幅值相等,即 $v_{\text{a,amp}} = v_{\alpha,\text{amp}}$。此时,从 abc 坐标系到 αβ0 坐标系的变换矩阵为

$$
\begin{bmatrix} v_\alpha \\ v_\beta \\ v_0 \end{bmatrix} = \frac{2}{3} \begin{bmatrix} 1 & -\dfrac{1}{2} & -\dfrac{1}{2} \\ 0 & \dfrac{\sqrt{3}}{2} & -\dfrac{\sqrt{3}}{2} \\ \dfrac{1}{\sqrt{2}} & \dfrac{1}{\sqrt{2}} & \dfrac{1}{\sqrt{2}} \end{bmatrix} \begin{bmatrix} v_\text{a} \\ v_\text{b} \\ v_\text{c} \end{bmatrix} = T_{\text{abc}/\alpha\beta0} \begin{bmatrix} v_\text{a} \\ v_\text{b} \\ v_\text{c} \end{bmatrix} \tag{2.18}
$$

若采用功率不变原则,则输入输出矢量的模值相同,即 $v_\alpha^2 + v_\beta^2 + v_0^2 = v_\text{a}^2 + v_\text{b}^2 + v_\text{c}^2$。此时,Clarke 变换关系写为

$$
\begin{bmatrix} v_\alpha \\ v_\beta \\ v_0 \end{bmatrix} = \sqrt{\frac{2}{3}} \begin{bmatrix} 1 & -\dfrac{1}{2} & -\dfrac{1}{2} \\ 0 & \dfrac{\sqrt{3}}{2} & -\dfrac{\sqrt{3}}{2} \\ \dfrac{1}{\sqrt{2}} & \dfrac{1}{\sqrt{2}} & \dfrac{1}{\sqrt{2}} \end{bmatrix} \begin{bmatrix} v_\text{a} \\ v_\text{b} \\ v_\text{c} \end{bmatrix} = T_{\text{abc}/\alpha\beta0}^{\text{power}} \begin{bmatrix} v_\text{a} \\ v_\text{b} \\ v_\text{c} \end{bmatrix} \tag{2.19}
$$

由于本书通常选取输出电压、电流作为控制对象,因此多采用幅值不变原则的 Clarke 变换。后续内容如无特殊说明,均采用幅值不变原则的 Clarke 变换矩阵。

2.4.2 从 αβ0 坐标系到 dq0 坐标系

为了让 PI 控制器能够实现三相正弦量的无静差跟踪,需要让三相正弦量转变为时不变的直流量。为此,在 αβ0 静止坐标系的基础上,进一步建立 dq0 同步旋转坐标系。如图 2-34 所示,dq 轴位于 αβ 平面,且与平面矢量 $\boldsymbol{v}_{\alpha\beta}$ 同步旋转,旋转角速度为 ω;d 轴与 α 轴的夹角为 $\theta = \omega t$,q 轴超前 d 轴 90°;αβ0 静止坐标系与 dq0 旋转坐标系的 0 轴是重合的。由于 dq 轴与平面矢量 $\boldsymbol{v}_{\alpha\beta}$ 同步旋转,故 $\boldsymbol{v}_{\alpha\beta}$ 在 dq 轴上的投影始终为定值。因此在 dq0 坐标系下使用 PI 控制器,可以无静差跟踪平面矢量 $\boldsymbol{v}_{\alpha\beta}$。

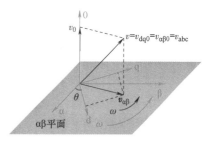

图 2-34　静止 αβ0 空间坐标系
与同步旋转 dq0 坐标系

将 αβ0 静止坐标系中的矢量坐标转换到 dq0 旋转坐标系中,相应的变换矩阵 $T_{\alpha\beta0/\text{dq}0}$ 可以写为

$$
\begin{bmatrix} v_\text{d} \\ v_\text{q} \\ v_0 \end{bmatrix} = \begin{bmatrix} \cos\theta & \sin\theta & 0 \\ -\sin\theta & \cos\theta & 0 \\ 0 & 0 & 1 \end{bmatrix} \begin{bmatrix} v_\alpha \\ v_\beta \\ v_0 \end{bmatrix} = T_{\alpha\beta0/\text{dq}0} \begin{bmatrix} v_\alpha \\ v_\beta \\ v_0 \end{bmatrix} \tag{2.20}
$$

Park 变换,就是将 abc 静止空间坐标系下的电压矢量坐标变换到 dq0 同步旋转坐标系下。Park 变换矩阵可以写为

$$\begin{bmatrix} v_{\mathrm{d}} \\ v_{\mathrm{q}} \\ v_0 \end{bmatrix} = T_{\alpha\beta0/dq0} \begin{bmatrix} v_{\alpha} \\ v_{\beta} \\ v_0 \end{bmatrix} = T_{\alpha\beta0/dq0} \left(T_{abc/\alpha\beta0} \begin{bmatrix} v_{\mathrm{a}} \\ v_{\mathrm{b}} \\ v_{\mathrm{c}} \end{bmatrix} \right) = \left(T_{\alpha\beta0/dq0} T_{abc/\alpha\beta0} \right) \begin{bmatrix} v_{\mathrm{a}} \\ v_{\mathrm{b}} \\ v_{\mathrm{c}} \end{bmatrix} = T_{abc/dq0} \begin{bmatrix} v_{\mathrm{a}} \\ v_{\mathrm{b}} \\ v_{\mathrm{c}} \end{bmatrix} \quad (2.21)$$

相应的 Park 坐标变换矩阵为

$$T_{abc/dq0} = T_{\alpha\beta0/dq0} T_{abc/\alpha\beta0} = \frac{2}{3} \begin{bmatrix} \cos\theta & \cos\left(\theta - \frac{2\pi}{3}\right) & \cos\left(\theta + \frac{2\pi}{3}\right) \\ -\sin\theta & -\sin\left(\theta - \frac{2\pi}{3}\right) & -\sin\left(\theta + \frac{2\pi}{3}\right) \\ \frac{1}{\sqrt{2}} & \frac{1}{\sqrt{2}} & \frac{1}{\sqrt{2}} \end{bmatrix} \quad (2.22)$$

该变换矩阵中含有时变量 θ，一般需要人为给定或通过锁相环获取。以下将给出上述坐标变换矩阵的逆矩阵。

αβ0 静止坐标系到 abc 空间坐标系的变换矩阵为

$$\begin{bmatrix} v_{\mathrm{a}} \\ v_{\mathrm{b}} \\ v_{\mathrm{c}} \end{bmatrix} = \begin{bmatrix} 1 & 0 & \frac{1}{\sqrt{2}} \\ -\frac{1}{2} & \frac{\sqrt{3}}{2} & \frac{1}{\sqrt{2}} \\ -\frac{1}{2} & -\frac{\sqrt{3}}{2} & \frac{1}{\sqrt{2}} \end{bmatrix} \begin{bmatrix} v_{\alpha} \\ v_{\beta} \\ v_0 \end{bmatrix} \quad (2.23)$$

dq0 同步旋转坐标系到 αβ0 静止坐标系的变换矩阵为

$$\begin{bmatrix} v_{\alpha} \\ v_{\beta} \\ v_0 \end{bmatrix} = \begin{bmatrix} \cos\theta & -\sin\theta & 0 \\ \sin\theta & \cos\theta & 0 \\ 0 & 0 & 1 \end{bmatrix} \begin{bmatrix} v_{\mathrm{d}} \\ v_{\mathrm{q}} \\ v_0 \end{bmatrix} \quad (2.24)$$

dq0 同步旋转坐标系到 abc 空间坐标系的变换矩阵为

$$\begin{bmatrix} v_{\mathrm{a}} \\ v_{\mathrm{b}} \\ v_{\mathrm{c}} \end{bmatrix} = \begin{bmatrix} \cos\theta & -\sin\theta & \frac{1}{\sqrt{2}} \\ \cos\left(\theta - \frac{2\pi}{3}\right) & -\sin\left(\theta - \frac{2\pi}{3}\right) & \frac{1}{\sqrt{2}} \\ \cos\left(\theta + \frac{2\pi}{3}\right) & -\sin\left(\theta + \frac{2\pi}{3}\right) & \frac{1}{\sqrt{2}} \end{bmatrix} \begin{bmatrix} v_{\mathrm{d}} \\ v_{\mathrm{q}} \\ v_0 \end{bmatrix} \quad (2.25)$$

2.4.3 三相交流系统坐标变换案例

本节将基于计算和波形，对坐标变换进行更加直观的阐述。图 2-35 给出了 220V/50Hz 的典型三相交流电压波形，其数学表达式为

$$v_{abc} = \begin{bmatrix} v_{\mathrm{a}} \\ v_{\mathrm{b}} \\ v_{\mathrm{c}} \end{bmatrix} = 220\sqrt{2} \begin{bmatrix} \cos(100\pi t) \\ \cos\left(100\pi t - \frac{2\pi}{3}\right) \\ \cos\left(100\pi t + \frac{2\pi}{3}\right) \end{bmatrix} \quad (2.26)$$

首先，利用矩阵 $T_{abc/\alpha\beta 0}$ 对波形进行 Clarke 变换，如下所示：

$$
\begin{bmatrix} v_\alpha \\ v_\beta \\ v_0 \end{bmatrix} = \frac{2}{3} \begin{bmatrix} 1 & -\dfrac{1}{2} & -\dfrac{1}{2} \\[2mm] 0 & \dfrac{\sqrt{3}}{2} & -\dfrac{\sqrt{3}}{2} \\[2mm] \dfrac{1}{\sqrt{2}} & \dfrac{1}{\sqrt{2}} & \dfrac{1}{\sqrt{2}} \end{bmatrix} \begin{bmatrix} 220\sqrt{2}\cos(100\pi t) \\[1mm] 220\sqrt{2}\cos\left(100\pi t - \dfrac{2\pi}{3}\right) \\[1mm] 220\sqrt{2}\cos\left(100\pi t + \dfrac{2\pi}{3}\right) \end{bmatrix} = \begin{bmatrix} 220\sqrt{2}\cos(100\pi t) \\[1mm] 220\sqrt{2}\sin(100\pi t) \\[1mm] 0 \end{bmatrix} \tag{2.27}
$$

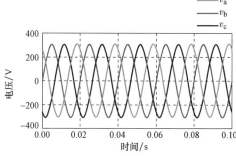

图 2-35　工频 abc 三相交流电压波形（$V_{RMS} = 220V$）

可见，该矩阵将 abc 三相标量转换成了 αβ0 三相标量，且幅值不变。变换后的 αβ 电压见图 2-36。

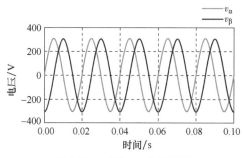

图 2-36　工频 αβ 电压波形

在验证了 Clarke 变换之后，接下来利用矩阵 $T_{abc/dq0}$ 进行 Park 变换，计算如下：

$$
\begin{bmatrix} v_d \\ v_q \\ v_0 \end{bmatrix} = \frac{2}{3} \begin{bmatrix} \cos 100\pi t & \cos\left(100\pi t - \dfrac{2\pi}{3}\right) & \cos\left(100\pi t + \dfrac{2\pi}{3}\right) \\[2mm] -\sin 100\pi t & -\sin\left(100\pi t - \dfrac{2\pi}{3}\right) & -\sin\left(100\pi t + \dfrac{2\pi}{3}\right) \\[2mm] \dfrac{1}{\sqrt{2}} & \dfrac{1}{\sqrt{2}} & \dfrac{1}{\sqrt{2}} \end{bmatrix} \times
$$

$$
220\sqrt{2} \begin{bmatrix} \cos 100\pi t \\[1mm] \cos\left(100\pi t - \dfrac{2\pi}{3}\right) \\[1mm] \cos\left(100\pi t + \dfrac{2\pi}{3}\right) \end{bmatrix} = \begin{bmatrix} 220\sqrt{2} \\ 0 \\ 0 \end{bmatrix} \tag{2.28}
$$

在 Park 变换结果中，可以看到 d 轴分量恒定等于相电压的幅值，不随时间变化；而 q 轴和 0 轴分量均为 0。图 2-37 给出了 Park 变换后的 dq 电压波形，与理论预期一致。

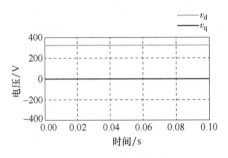

图 2-37　dq 电压波形

需要说明的是，Park 变换需要输入三相旋转电压矢量的相位 θ。对于并网变流器而言，这一般是通过锁相环从三相电压中提取的。

2.5　仿真任务：三相 DC-AC 变流器电压开环控制

1. 任务及条件描述

本次仿真任务要求在仿真软件 PLECS 中搭建一台三相电压型变流器的模型，并且在 SPWM 的调制方法下，使用电压开环的策略完成对三相 DC-AC 变流器的控制。三相电压型变流器的结构如图 2-38 所示，仿真参数见表 2-5。

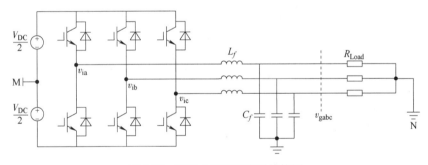

图 2-38　三相电压型变流器结构图

表 2-5　仿真任务参数

直流电压源	输出电压	元件参数	开关频率	系统参数
$V_{DC}=800V$	三相均输出正弦波，有效值 220V，频率为 50Hz	电感：2.5mH 电容：40mF 负载：纯电阻 100Ω	20kHz	仿真时长：0.2s 仿真步长：变步长

（1）基本要求

1）以图 2-38 的电路拓扑结构为基础，根据表 2-5 的仿真参数，利用 SPWM 的调制方法，设计三相电压型变流器的开环控制。在 dq 轴下给定参考电压值，然后采用坐标反变换，生成所需的 abc 三相正弦交流调制波电压。

2）三相正弦调制波电压经过归一化之后，与开关次的载波进行比较，加入系统的延时之后生成开关信号。

3）观测波形：使用三相电表测量负载电压和负载电流，注意参考电位点。验证仿真得到的输出波形是否与理论相符，能否跟随给定的参考电压。

（2）深入研究问题

探究 dq0 坐标系下的给定直流电压幅值与 abc 坐标系下正弦交流电压幅值的关系。

（3）仿真提示

1）PWM 调制部分可以选用 PLECS 中的 Symmetrical PWM 调制模块。在该模块中，设置三角载波的幅值为 1，PWM 调制输出为 1 和 0 两种布尔值，载波频率 20kHz。

2）dq 坐标旋转角 θ 可以用三角波发生器（triangular wave generator）生成。

2. 预期结果

首先使用三角波发生器生成 dq 坐标系的旋转角 θ，如图 2-39 所示。

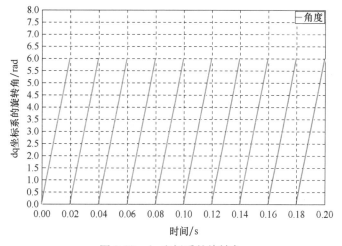

图 2-39　dq 坐标系的旋转角

在 dq 坐标系下输入参考电压，再经过 Park 反变换至 abc 坐标系下，经归一化后生成的三相调制波如图 2-40 所示。变流器的输出电压经滤波后生成的波形如图 2-41 所示。

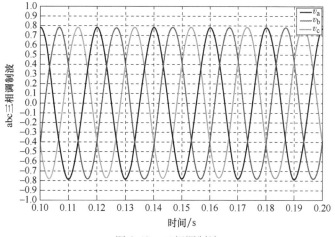

图 2-40　三相调制波

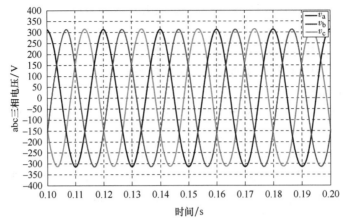

图 2-41　变流器输出电压

参 考 文 献

［1］ OLESCHUK V，BLAABJERG F，BOSE B K. Synchronous control of modular multilevel converters ［C］. Proceedings of the IEEE International Symposium on Industrial Electronics，L′Ayuila，Italy，2002：1081-1085.

［2］ KJAER S B，PEDERSEN J K，BLAABJERG F. A review of single-phase grid-connected inverters for photovoltaic modules ［J］. IEEE Transactions on Industry Applications，2005，41（5）：1292-1306.

［3］ HOLMES D G，LIPO T A. Pulse width modulation for power converters：principles and practice ［M］. New Jersey：Wiley，2003.

［4］ SEO JAE HYEONG，CHOI CHANG HO，HYUN DONG SEOK. A new simplified space-vector PWM method for three-level inverters ［J］. IEEE Transactions on Power Electronics，2001，16（4）：545-550.

［5］ 徐德鸿. 电力电子系统建模及控制 ［M］. 北京：机械工业出版社，2006.

［6］ HUANG J. Nonlinear output regulation：theory and applications ［M］. Philadelphia：Society for Industrial and Applied Mathematics，2004.

第 3 章　电流控制型 DC-AC 变流器

在微电网中，光伏、风电等可再生发电单元可以就近为本地负载提供电能。然而，考虑到可再生能源的波动性，通常需要以变流器作为可再生能源和微电网之间的功率接口，从而实现可控的电源。

在离网运行的微电网中，母线电压需要通过变流器自行建立。以输出电压为控制对象的变流器，称为电压控制型变流器。相对的，在并网运行的微电网中，大电网直接锁定母线电压。此时变流器只需要控制输出电流，就能直接地实现输出功率控制。由于这一特性，该类变流器在不需要电压支撑的场合得到了广泛应用，被称为电流控制型变流器。本章以并网运行模式下的电流控制型变流器为讨论对象，细致阐述了该类变流器的拓扑结构和电路特点，建立了数学模型，并辅以仿真分析。

图 3-1 给出了并网工况下的电流控制型三相变流器拓扑。其中左侧为直流母线，其中性点为 M；直流电压经三相两电平开关桥斩波后，输出高电压方波 $v_{s.abc}$；高电压方波经电感接入三相交流微电网，电网电压为 $v_{g.abc}$；三相交流微电网的中性点为 N。需要说明的是，若 M 与 N 连通，则称为三相四线制系统；若 M 与 N 不连通，则称为三相三线制系统。这两种系统具有明显差异，会在后文中进行讨论。高电压方波 $v_{s.abc}$ 及基频正弦电压 $v_{g.abc}$ 如图 3-2 所示。

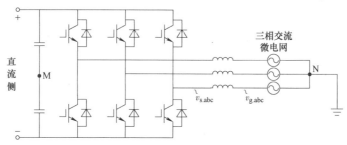

图 3-1　并网工况下的电流控制型三相变流器拓扑

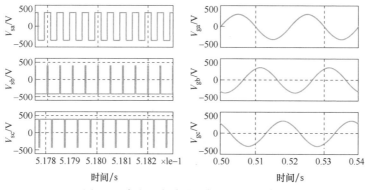

图 3-2　高电压方波及基频正弦电压波形

图 3-3 给出了高电压方波及基频正弦电压的频谱图，如图所示，高电压方波中含有大量的开关次谐波，而基频正弦电压中几乎不含开关次分量。可见，方波中的开关次分量几乎全部作用在了电感上。本章节将对这一现象进行理论分析，从而阐明滤波器的作用。在此基础上，本章节将进一步地对电流型变流器的控制原理进行讲解。

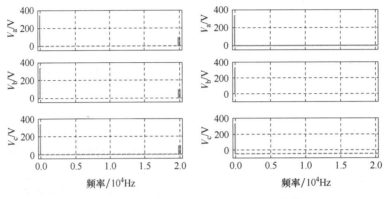

图 3-3　高电压方波及基频正弦电压的频谱

3.1　电流滤波器的设计及建模

3.1.1　电感滤波器的纹波计算

在上面已经提到，变流器侧电压 $v_{s,abc}$ 中的开关次分量几乎全部作用在了电感上。为了简化推导，本节首先将三相四线制系统作为分析对象。由于直流中性点 M 和交流中性点 N 是连通的，故三相之间完全解耦。由此，三相四线制系统可以简化为单相电路进行分析，以 A 相为例，如图 3-4 所示。

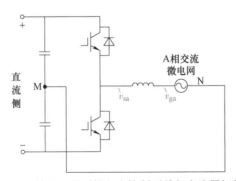

图 3-4　并网工况下的电流控制型单相变流器拓扑

在工作时，电感压降 v_L 即为变流器侧电压 v_s 与网侧电压 v_g 之差，可以写为

$$v_L = L\frac{\mathrm{d}i_L}{\mathrm{d}t} = v_s - v_g \tag{3.1}$$

式中　i_L——电感电流，以流入网侧为正方向；

v_s——变流器侧电压，幅值 $V_{\mathrm{DC}}/2$ 的方波。

将式（3.1）中的电感电流 i_L 变换到等式左边，可得

$$\Delta i_L = \frac{v_L \Delta t}{L} = \frac{(v_s - v_g)\Delta t}{L} \tag{3.2}$$

由式（3.2）可知，电流波动幅度与电感压降、作用时间呈正比，与电感值呈反比。这意味着，电感能够抑制电路中的电流纹波：电感越大，纹波越小。为了进一步建立电感与纹波之间的数学关系，需要得到作用时间 dt 的解析式。

由于在 2.3.1 节中已经推导了占空比 D 的解析表达式，则作用时间 Δt 可以为

$$\Delta t = DT_{sw} = \frac{1}{2}\left(1 + \frac{v_m}{v_{tri}}\right)T_{sw} \tag{3.3}$$

此外，在稳态时，若忽略滤波器对基频分量的影响，则网侧电压可以近似为

$$v_g = \frac{v_m}{v_{tri}}\frac{V_{DC}}{2} \tag{3.4}$$

将式（3.3）和式（3.4）代入电感电流计算式（3.4）中，并消去 v_s、v_g、dt、v_L，可得

$$\Delta i_L = \frac{(v_s - v_g)}{L}\Delta t = \frac{\left(\dfrac{V_{DC}}{2} - \dfrac{v_m}{v_{tri}}\dfrac{V_{DC}}{2}\right)}{L} \times \frac{1}{2}\left(1 + \frac{v_m}{v_{tri}}\right)T_{sw}$$

$$= \frac{V_{DC}T_{sw}}{4L}\left(1 - \frac{v_m^2}{v_{tri}^2}\right) \tag{3.5}$$

由式（3.5）可知，当调制波 $v_m = 0$ 时取得纹波 Δi_L 最大值，此时占空比为 0.5。纹波最大值的解析式如下所示：

$$\Delta i_{L.\max} - \frac{V_{DC}T_{sw}}{4L} = \frac{V_{DC}}{4Lf_{sw}} \tag{3.6}$$

由式（3.6）可知，电流纹波与直流电压、开关周期呈正比，与电感值、开关频率呈反比。在实际应用中，通常利用电流纹波这一解析式对电感取值进行设计。显然大电感能够更好地抑制电流纹波，但会增加空间和经济成本。因此实际设计时需要在滤波效果、体积、经济成本之间作权衡。

需要说明的是，以上公式推导仅成立于三相四线制系统。对于三相三线制系统来说，交流中性点 N 相对于直流中性点 M 的电位随着开关状态改变而变化，这一特性也使得电流纹波解析式的推导较为复杂，在此不展开，具体见参考文献［1］。

3.1.2 电感滤波器的 dq0 坐标系建模

在 2.4.2 节中，已经认识到基频交流量在同步旋转 dq0 坐标系下呈现为直流形式，此时 PI 控制器便能够实现无静差跟踪。为了对控制结构和参数进行设计，需要先明确控制对象的特性。本小节将建立电感滤波器的 dq0 坐标系模型，为后续讲解 PI 控制环节提供理论基础。

图 3-5 给出了三相电感滤波器的示意图，其中 $v_{i.abc}$ 为变流器侧电压，$v_{g.abc}$ 为网侧电压，L_f 和 R_f 为电感取值及寄生电阻值。

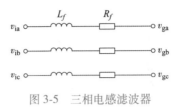

图 3-5　三相电感滤波器

根据图 3-5，可以直接写出 abc 坐标系下的三相电压与电流关系如下：

$$\begin{bmatrix} v_{ia} \\ v_{ib} \\ v_{ic} \end{bmatrix} = L_f \frac{\mathrm{d}}{\mathrm{d}t} \begin{bmatrix} i_{ga} \\ i_{gb} \\ i_{gc} \end{bmatrix} + R_f \begin{bmatrix} i_{ga} \\ i_{gb} \\ i_{gc} \end{bmatrix} + \begin{bmatrix} v_{ga} \\ v_{gb} \\ v_{gc} \end{bmatrix} \tag{3.7}$$

将式（3.7）左右同时左乘 Park 变换矩阵 $T_{abc/dq0}$，变换到 dq0 坐标系下为

$$T_{abc/dq0} \begin{bmatrix} v_{ia} \\ v_{ib} \\ v_{ic} \end{bmatrix} = L_f T_{abc/dq0} \frac{\mathrm{d}}{\mathrm{d}t} \begin{bmatrix} i_{ga} \\ i_{gb} \\ i_{gc} \end{bmatrix} + R_f T_{abc/dq0} \begin{bmatrix} i_{ga} \\ i_{gb} \\ i_{gc} \end{bmatrix} + T_{abc/dq0} \begin{bmatrix} v_{ga} \\ v_{gb} \\ v_{gc} \end{bmatrix} \tag{3.8}$$

式（3.8）中，三相电压及电流左乘 Park 变换矩阵，可以直接得到 dq0 轴分量。但是，电流微分项左乘 Park 变换矩阵，则需要借助莱布尼茨法则进行处理。

莱布尼茨法则可以简单描述为：若 $h(x)=f(x)g(x)$，且 f 及 g 函数均在 x 处可导，则 $h'(x)=f'(x)g(x)+f(x)g'(x)$。这一求导等式可以改写为

$$f(x)g'(x)=h'(x)-f'(x)g(x)=[f(x)g(x)]'-f'(x)g(x) \tag{3.9}$$

相应地，式（3.8）中等号右侧第一项可以写为

$$L_f T_{abc/dq0} \frac{\mathrm{d}}{\mathrm{d}t} \begin{bmatrix} i_{ga} \\ i_{gb} \\ i_{gc} \end{bmatrix} = L_f \frac{\mathrm{d}}{\mathrm{d}t} \left(T_{abc/dq0} \begin{bmatrix} i_{ga} \\ i_{gb} \\ i_{gc} \end{bmatrix} \right) - L_f \left(\frac{\mathrm{d}}{\mathrm{d}t} T_{abc/dq0} \right) \begin{bmatrix} i_{ga} \\ i_{gb} \\ i_{gc} \end{bmatrix} \tag{3.10}$$

将式（3.10）代入式（3.8）中，可得

$$T_{abc/dq0} \begin{bmatrix} v_{ia} \\ v_{ib} \\ v_{ic} \end{bmatrix} = \frac{L_f \mathrm{d}}{\mathrm{d}t} \left(T_{abc/dq0} \begin{bmatrix} i_{ga} \\ i_{gb} \\ i_{gc} \end{bmatrix} \right) - L_f \left(\frac{\mathrm{d}}{\mathrm{d}t} T_{abc/dq0} \right) \begin{bmatrix} i_{ga} \\ i_{gb} \\ i_{gc} \end{bmatrix} +$$

$$R_f T_{abc/dq0} \begin{bmatrix} i_{ga} \\ i_{gb} \\ i_{gc} \end{bmatrix} + T_{abc/dq0} \begin{bmatrix} v_{ga} \\ v_{gb} \\ v_{gc} \end{bmatrix} \tag{3.11}$$

整理式（3.11），可得下式：

$$\begin{bmatrix} v_{id} \\ v_{iq} \\ v_{i0} \end{bmatrix} = L_f \frac{\mathrm{d}}{\mathrm{d}t} \begin{bmatrix} i_{gd} \\ i_{gq} \\ i_{g0} \end{bmatrix} - L_f \left(\frac{\mathrm{d}}{\mathrm{d}t} T_{abc/dq0} \right) \begin{bmatrix} i_{ga} \\ i_{gb} \\ i_{gc} \end{bmatrix} + R_f \begin{bmatrix} i_{gd} \\ i_{gq} \\ i_{g0} \end{bmatrix} + \begin{bmatrix} v_{gd} \\ v_{gq} \\ v_{g0} \end{bmatrix} \tag{3.12}$$

其中，式（3.12）等式右侧第二项需要进一步运算。将相角输入量 θ 表示成 ωt，则对 Park 变换矩阵求导后的结果如下所示：

$$\frac{\mathrm{d}}{\mathrm{d}t}T_{\mathrm{abc/dq0}} = \frac{\mathrm{d}}{\mathrm{d}t}\frac{2}{3}\begin{bmatrix} \cos(\omega t) & \cos\left(\omega t - \frac{2\pi}{3}\right) & \cos\left(\omega t + \frac{2\pi}{3}\right) \\ -\sin(\omega t) & -\sin\left(\omega t - \frac{2\pi}{3}\right) & -\sin\left(\omega t + \frac{2\pi}{3}\right) \\ \frac{1}{\sqrt{2}} & \frac{1}{\sqrt{2}} & \frac{1}{\sqrt{2}} \end{bmatrix}$$

$$= -\frac{2}{3}\omega\begin{bmatrix} \sin(\omega t) & \sin\left(\omega t - \frac{2\pi}{3}\right) & \sin\left(\omega t + \frac{2\pi}{3}\right) \\ \cos(\omega t) & \cos\left(\omega t - \frac{2\pi}{3}\right) & \cos\left(\omega t + \frac{2\pi}{3}\right) \\ 0 & 0 & 0 \end{bmatrix} \quad (3.13)$$

将微分后的 Park 变换矩阵代入式（3-12）中等号右侧第二项，可得

$$-L_f\left(\frac{\mathrm{d}}{\mathrm{d}t}T_{\mathrm{abc/dq0}}\right)\begin{bmatrix} i_{\mathrm{ga}} \\ i_{\mathrm{gb}} \\ i_{\mathrm{gc}} \end{bmatrix} = L_f\times\frac{2}{3}\omega\begin{bmatrix} \sin(\omega t) & \sin\left(\omega t - \frac{2\pi}{3}\right) & \sin\left(\omega t + \frac{2\pi}{3}\right) \\ \cos(\omega t) & \cos\left(\omega t - \frac{2\pi}{3}\right) & \cos\left(\omega t + \frac{2\pi}{3}\right) \\ 0 & 0 & 0 \end{bmatrix}\begin{bmatrix} i_{\mathrm{ga}} \\ i_{\mathrm{gb}} \\ i_{\mathrm{gc}} \end{bmatrix}$$

$$= \omega L_f\begin{bmatrix} -i_{\mathrm{gq}} \\ i_{\mathrm{gd}} \\ 0 \end{bmatrix} \quad (3.14)$$

由上式可以看到，电感 0 轴模型与 dq 轴模型没有耦合项，因此，对 0 轴模型不再做进一步的分析说明，后文主要聚焦电感 dq 轴模型及控制器设计。将式（3.14）代入式（3.12）中，可以得到 dq 坐标系下的电感滤波器数学模型：

$$\begin{bmatrix} v_{\mathrm{id}} \\ v_{\mathrm{iq}} \end{bmatrix} = L_f\frac{\mathrm{d}}{\mathrm{d}t}\begin{bmatrix} i_{\mathrm{gd}} \\ i_{\mathrm{gq}} \end{bmatrix} + \omega L_f\begin{bmatrix} -i_{\mathrm{gq}} \\ i_{\mathrm{gd}} \end{bmatrix} + R_f\begin{bmatrix} i_{\mathrm{gd}} \\ i_{\mathrm{gq}} \end{bmatrix} + \begin{bmatrix} v_{\mathrm{gd}} \\ v_{\mathrm{gq}} \end{bmatrix}$$

$$= L_f\frac{\mathrm{d}}{\mathrm{d}t}\begin{bmatrix} i_{\mathrm{gd}} \\ i_{\mathrm{gq}} \end{bmatrix} + \omega L_f\begin{bmatrix} 0 & -1 \\ 1 & 0 \end{bmatrix}\begin{bmatrix} i_{\mathrm{gd}} \\ i_{\mathrm{gq}} \end{bmatrix} + R_f\begin{bmatrix} i_{\mathrm{gd}} \\ i_{\mathrm{gq}} \end{bmatrix} + \begin{bmatrix} v_{\mathrm{gd}} \\ v_{\mathrm{gq}} \end{bmatrix} \quad (3.15)$$

基于三相电感滤波器的数学模型，可以分别画出其 d 轴等效电路和 q 轴等效电路。如图 3-6 所示，等效电路中包含变流器侧电压源、电感及寄生电阻、受控电压源以及网侧电压源。其中，d 轴等效电路中的受控电压源与 q 轴网侧电流相关，而 q 轴等效电路中的受控电压源与 d 轴的网侧电流相关。这说明 dq 轴模型之间存在耦合关系。

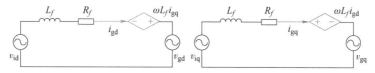

图 3-6　三相电感滤波器的 d 轴和 q 轴等效电路

图 3-7 给出了三相电感滤波器在 dq 坐标系下的频域框图。可以看到，网侧 d 轴电流 i_{gd} 由变流器侧 d 轴电压、网侧 d 轴电压和网侧 q 轴电流共同决定；网侧 q 轴电流具有相似特性。

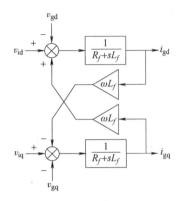

图 3-7　三相电感滤波器在 dq 坐标系下的频域框图

3.2　电流型 DC-AC 变流器的控制理论

在 3.1 节中，着重讲解了电感滤波器的纹波抑制作用，并建立了数学模型。在本节中，将对变流器架构、各模块功能以及参数设计方法进行讨论，从而帮助读者掌握电流控制型变流器的运行原理。

3.2.1　电流控制系统架构

图 3-8 给出了电流型三相并网变流器的架构图，控制系统主要包括锁相环、坐标变换环节、电流控制器、PWM 环节。其中采样环节将强电信号（例如三相网侧电压、电流）转换为弱电信号，用于后续控制计算；锁相环从电网电压中提取相位信息，用于坐标变换；坐标变换环节主要是实现数据在 abc 坐标系和 dq 坐标系之间的相互转换；电流控制器主要是比较网侧电流采样值与目标给定值，经过一定算法生成控制信号，从而实现对目标的无静差跟踪；PWM 环节是将连续控制信号转换为离散脉冲信号，从而控制功率拓扑中的开关器件导通与关断。

3.2.2　锁相环

对于电流型三相并网变流器而言，根据输出的功率因数，输出电流需要与电网电压保持一定的相位关系。因此电网电压的相位信息是电流控制器的必要输入量。为了获取电网电压的相位信息，通常采用锁相环。

图 3-9 给出了一种典型的同步参考系锁相环（Synchronous Reference Frame Phase Locked Loop，SRF-PLL），如图所示，将三相电压量经 Park 变换后可以得到 dq 分量。可以想象，若 dq 同步旋转坐标系的 d 轴与三相电压矢量重合，此时的电压矢量 q 轴投影为零。因此，若令 q 轴分量恒为零，则可以塑造一个与三相电压矢量同步旋转的 dq 坐标系，且 d 轴与电压矢量重合。这就是 SRF-PLL 的基本思想。

图 3-9 可以理解为令 q 轴分量恒为零的闭环控制器。q 轴分量经 PI 控制器后，与中心频率 ω_c 相加，得到频率信息；频率信息过积分器后，取 2π 的模，得到相位信息 θ，这个相位

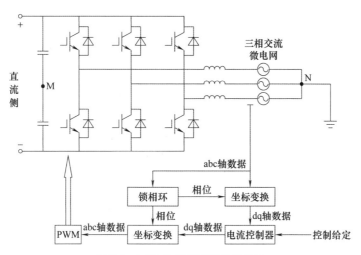

图 3-8　三相并网变流器的架构图

返回作为坐标变换的相位，从而完成闭环控制。中心频率 ω_c 的作用是预估一个初始频率，从而令锁相环更快地跟踪到电压相位。

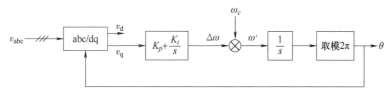

图 3-9　同步旋转坐标系锁相环（SRF-PLL）

3.2.3　电流控制器

　　控制器需要匹配控制对象，在 3.1.2 节中，已经对电感滤波器进行了数学建模，频域模型如图 3-7 所示。在 PI 控制器的基础上，通过增加前馈抵消环节和解耦环节，可以建立电流控制器的频域框图，如图 3-10 所示。

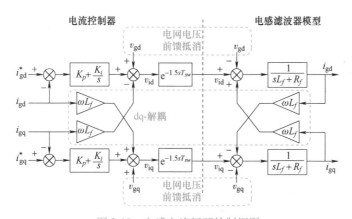

图 3-10　电感电流闭环控制框图

图 3-10 给出了电感电流的闭环控制框图，左侧电流采样值与电流目标值作差得到控制误差；控制误差输入到 PI 控制器后，输出控制信号；控制信号经过 PWM 及开关桥后，生成变流器侧电压，作用于电感滤波器的变流器侧；变流器侧电压与网侧电压的压差作用于电感滤波器上，形成电流并输出。较为特别的在于：①为了抵消 dq 轴耦合，电流控制器中增加了解耦项；②为了抵消电网电压扰动的影响，电流控制器中增加了电压前馈项；③PWM 及开关桥环节引入了 $1.5T_{sw}$ 的延时。

若忽略 $1.5T_{sw}$ 的延时对 dq 解耦及电压前馈解耦的影响，则图 3-10 蓝色虚线之中的项均可以被抵消去。抵消后，d 轴及 q 轴的电感电流闭环控制框图完全一致，可以简化为图 3-11。

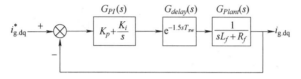

图 3-11　电感电流闭环控制框图（耦合项及扰动项抵消后）

3.2.4　控制参数设计

本小节主要讨论图 3-11 中 PI 控制参数的设计。在设计 PI 控制参数时，确保系统稳定是最基本的要求。在稳定的前提下，可以微调 PI 参数，从而牺牲部分稳定裕度换取动态性能。在实际设计中，令开环传递函数的相位裕度位于 30°~60° 范围内，并幅频以 -20dB/dec 斜率穿越 0dB，是一个良好的折衷。

根据图 3-11，可以写出变流器系统的开环传递函数 G_{open} 如下：

$$G_{open}(s) = G_{PI}(s) G_{delay}(s) G_{plant}(s) = \left(K_p + \frac{K_i}{s} \right) e^{-1.5sT_{sw}} \frac{1}{R_f + sL_f} \tag{3.16}$$

为了理解 PI 参数设计的方法，需要直观的认知各部分传递函数的幅频特性。如图 3-12 所示，图中随着频率升高，G_{plant} 的斜率从 0dB/dec 转变为 -20dB/dec，而 G_{PI} 的斜率从 -20dB/dec 转变为 0dB/dec。这意味着 G_{plant} 逐渐从阻性转变为感性，带来 -90° 的相位滞后；而 G_{PI} 的相位滞后逐渐从 -90° 减小至 0°。G_{delay} 在图 3-12 中没有体现，这是因为，在远低于开关频率的频段，G_{delay} 带来的相位滞后并不明显，对相位裕度的影响较小。

在实际设计中，为了确保高频纹波衰减充足，开环传递函数的穿越频率 f_{cr} 通常选取为开关频率 f_{sw} 的 1/10 左右。此时，假如 G_{PI} 的转折频率 f_{zt} 接近甚至高于开环穿越频率 f_{cr}，则 G_{open} 将以 -40dB/dec 的斜率过 0，这意味着系统相位裕度小于 0，系统不稳定。因此，为了保证系统的稳定，G_{PI} 的转折频率 f_{zt} 应选取为开环穿越频率 f_{cr} 的 1/10 左右。

接下来，将给出定量的参数计算方法。在后文推导中，假设开环穿越频率 f_{cr} 和 PI 控制器转折频率 f_{zt} 已经选定。由于幅频特性图采用了对数纵轴，则开环传递函数的幅频特性在穿

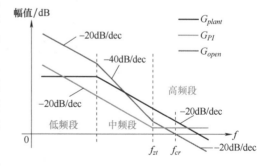

图 3-12　开环传递函数各部分的幅频特性

越频率 f_{cr} 处为 0dB，如下：

$$\| G_{open}(\mathrm{j}2\pi f_{cr}) \| = \left\| \left(K_p + \frac{K_i}{s}\right) \mathrm{e}^{-1.5sT_{sw}} \frac{1}{R_f + sL_f} \right\| = 1 \tag{3.17}$$

式中，延时环节的幅值恒为 1。根据一阶环节转折频率的定义可以明确比例系数和积分系数的关系为

$$2\pi f_{zt} = \frac{K_i}{K_p} \tag{3.18}$$

代入式（3.17）可得

$$\| G_{open}(\mathrm{j}2\pi f_{cr}) \| = \left\| \left(K_p + \frac{2\pi f_{zt}K_p}{\mathrm{j}2\pi f_{cr}}\right) \times 1 \frac{1}{R_f + \mathrm{j}2\pi f_{cr}L_f} \right\| = 1 \tag{3.19}$$

式（3.19）中只有 K_p 是未知的。因此，通过解一元一次方程，可以建立 K_p 与 f_{cr}、f_{zt} 之间的数学关系：

$$K_p = \sqrt{\frac{\| (R_f + \mathrm{j}2\pi f_{cr}L_f) \|^2}{1 + \left(\dfrac{f_{zt}}{f_{cr}}\right)^2}} = \sqrt{\frac{R_f^2 + (2\pi f_{cr}L_f)^2}{1 + \left(\dfrac{f_{zt}}{f_{cr}}\right)^2}} \tag{3.20}$$

在确定 K_p 的取值后，K_i 的取值可以借助式（3.18）的关系求得，如下：

$$K_i = 2\pi f_{zt}K_p \tag{3.21}$$

以上即为 PI 控制参数的设计方法。可以看出，只要合理的选取了开环穿越频率和 PI 控制器转折频率，就能借助式（3.20）和式（3.21）获得合适的 PI 控制参数。需要说明的是，以上计算存在简化，因此计算结果多用作设计初始值。后续还应当借助伯德图等数学方法进一步优化调整。

3.3 高阶电流滤波器

在前面两节中，对电感滤波器进行了讲解，并对其控制结构和参数设计进行了讨论。从图 3-12 中可以看到，电感滤波器在幅频特性中只能以 $-20\mathrm{dB/dec}$ 的斜率下降。一方面，这意味着电感滤波器是自然稳定的，因为其引入的相位滞后最高只到 90°；但另一方面，这也意味着电感滤波器的高频衰减效果并不理想，高纹波衰减比往往意味着大感值、大体积、高成本。为了在合理的成本范围内获得较高的纹波衰减比，高阶电流滤波器开始受到关注，其中又以 *LCL* 滤波器应用最为广泛。本章将对 *LCL* 滤波器的模型和设计方法进行简要介绍。

3.3.1 *LCL* 滤波器的频域特性

图 3-13 给出了 *LCL* 滤波器的典型拓扑。可见，*LCL* 滤波器包含变流器侧电感 L_f、电容 C_f、阻尼电阻 R_d 和网侧电感 L_g。其中，电容支路为电流纹波提供了高频旁路，这是 *LCL* 滤波器的高频衰减性能优于 *L* 滤波器的原因所在。

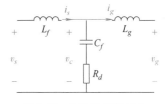

图 3-13　*LCL* 滤波器拓扑

根据图 3-13，*LCL* 滤波器的传递函数如下所示：

$$G_{LCL}(s)=\frac{i_g(s)}{v_s(s)}=\frac{\dfrac{1}{s}+R_dC_f}{L_fL_gC_fs^2+(L_f+L_g)R_dC_fs+(L_f+L_g)}\qquad(3.22)$$

由式（3.22）可以看出，当 $s\to0$ 的时候，*LCL* 滤波器的传递函数可以近似于一个感值为 L_f+L_g 的电感滤波器。这说明在低频段 *LCL* 与 *L* 滤波器的幅频特性是相近的。

图 3-14 给出了 *LCL* 滤波器与 *L* 滤波器的伯德图，二者具有相同的总感值。在低频段，*L* 滤波器和 *LCL* 滤波器具有相似的频域特性。在高频段，*LCL* 滤波器呈现出更低的幅值，这意味着更好的高频纹波衰减性能。在中频段，*LCL* 滤波器呈现出尖峰状的幅频特性，且此处的相频特性骤降 180°，这很可能导致系统不稳定。为保证系统稳定性，一般多采用阻尼电阻对其幅频特性进行修正，如图 3-13 所示，常见的阻尼方案为电容串联电阻。对应的阻尼修正后的幅频特性曲线如图 3-14 中的 *G_LCL_Damped* 曲线。可以看到，增加了阻尼电阻后，*LCL* 滤波器的谐振峰已经抑制平缓，从而确保系统不会失稳。阻尼修正后的 *LCL* 滤波器可以近似为总感值相同的 *L* 滤波器进行控制，如 3.2 节所讲。

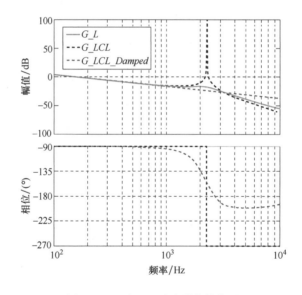

图 3-14 *L* 及 *LCL* 滤波器的伯德图

3.3.2 *LCL* 滤波器的参数设计

由式（3.22）可知，带阻尼的 *LCL* 滤波器存在四个可设计的参数——L_f、L_g、C_f 和 R_d。由于可变参数多、参数间相互耦合，传统的参数设计方法迭代较多，且对于入门者而言挑战较大。

图 3-15 给出了传统的 *LCL* 滤波器参数设计方法[2]，如图所示，首先需要设计变流器侧电感 L_f。以三相三线制系统为例，若变流器侧电流纹波最大值为 $\Delta i_{f.\max}$，则变流器侧电感 L_f 的计算公式如下：

$$L_f = \max\left\{ 2\sqrt{2}\,V_g \frac{1}{4\sqrt{3}\,\Delta i_{f.\max}f_{sw}}, \left(2 - \frac{2\sqrt{2}\,V_g}{V_{DC}}\right) V_g \frac{1}{4\Delta i_{f.\max}f_{sw}} \right\} \tag{3.23}$$

在完成 L_f 取值后，根据无功吸收比例 λ 计算电容值 C_f，公式如下：

$$C_{f.\max} = \lambda C_{base} \tag{3.24}$$

式中，无功吸收比例 λ 一般应小于 5%；C_{base} 是基准电容值，可基于下式求得：

$$C_{base} = \frac{i_{g.rms}}{v_{g.rms}\omega_g} \tag{3.25}$$

式中　$i_{g.rms}$，$v_{g.rms}$——网侧电流和电压的有效值；

　　　ω_g——电网电压角频率。

以上针对 L_f 和 C_f 的设计准则是普适且有效的。然而，在后续设计中，传统方法的劣势逐渐显现。如图 3-15 所示，在设计 L_g 时，传统设计方法习惯于先忽略了电阻 R_d 对于高频衰减的阻碍作用；然后基于已得到的 L_f、L_g、C_f，可以进行第一次迭代判断，即谐振频率是否在合理范围内。谐振频率的计算公式为

$$\omega_{res} = \sqrt{\frac{L_f + L_g}{L_f L_g C_f}} \tag{3.26}$$

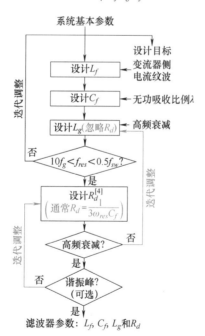

图 3-15　传统的 LCL 滤波器参数设计方法

在确认谐振频率在合适范围内后，再基于经验公式进行阻尼电阻的设计。由于前期设计过程中未考虑阻尼电阻的影响，因此在加入阻尼电阻之后，还需要引入第二次迭代判断，即确认高频衰减是否符合需求。如果不符合，那么需要重新设计 L_g，则第一次和第二次迭代判断需要重新进行。即使第一次和第二次迭代判断通过了，由于阻尼电阻取值依赖于经验公式，因此需要引入第三次迭代判断，即确认阻尼效果是否可接受。如果阻尼效果不可接受，

就需要重新设计 R_d，那么第二次和第三次迭代判断需要重新进行。可以看出，这三个相互嵌套的迭代环，导致传统设计的过程复杂且低效。

本节将介绍一种基于阻尼比的新型参数设计方法，如图 3-16 所示。相比于传统设计方法，新方法的主要创新在于定义了 LCL 滤波器的阻尼比 ξ，如下所示：

$$\xi = \frac{R_d C_f}{2}\sqrt{\frac{L_f+L_g}{L_f L_g C_f}} \tag{3.27}$$

根据参考文献［3］的推导，阻尼比 ξ 能够解析地保证 LCL 滤波器幅频特性谐振峰的抑制效果。并且，参考文献［3］定义了 $\xi=0.28$ 为最优阻尼比。对于 $\xi=0.28$ 的 LCL 滤波器，其谐振峰恰好被抑制平整，如图 3-14 中的 G_LCL_Damped 曲线所示。一方面，这确保了 LCL 滤波器没有幅频特性谐振峰，能够近似于 L 滤波器进行控制设计；另一方面，也避免了引入过度阻尼，从而带来过高的感值需求和经济成本以及阻尼电阻的附加损耗[5]。此外，在设计中使用 $\xi=0.28$ 准则还能大幅简化设计流程。

图 3-16 给出了新型的参数设计方法。在 L_f 和 C_f 的设计上，新方法与传统方法保持一致。二者的主要差异点在于，L_g 的设计输入包括高频衰减比和阻尼比，其计算公式如下：

$$Attenuation(L_g) = abs\left(\frac{j\dfrac{\omega_{sw}}{\omega_{res}}\times 2\xi+1}{1+j\dfrac{\omega_{sw}}{\omega_{res}}\times 2\xi-\omega_{sw}^2 C_f L_g}\right) \tag{3.28}$$

由于在设计 L_g 时已经考虑了电阻 R_d 的影响，因此高频衰减的设计是准确的，不需要后续通过迭代优化。

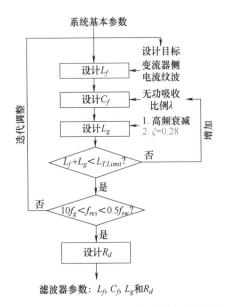

图 3-16 基于阻尼比的 LCL 滤波器参数设计方法

在 L_g 的取值确定后，可以根据 $\xi=0.28$ 这一数学条件，利用式（3.27）计算出 R_d 的取值。由于阻尼比 $\xi=0.28$ 确保了谐振峰被抑制平滑，因此后续不需要通过迭代优化阻尼性能。由图 3-16 可见，新方法不存在相互嵌套的迭代环，整体设计流程简洁、高效，设计准则清晰，对于入门的学生或学习者是十分友好的。需要说明的是，若采用 $\xi = 0.28$ 进行设计，虽然能够获得较好的阻尼效果，但是也会可能导致较大的感值需求。因此在新设计方法中，添加了总感值的限制环节，能够确保在可控成本范围内，获得最优阻尼。

3.4 仿真任务：电流控制型并网逆变器设计

1. 任务及条件描述

电流型变流器的并网控制包括对变流器结构的搭建、数学模型内部参数的设计、控制环的搭建以及控制参数的设计，并网变流器的电流控制器结构如图 3-17 所示，包括变流器主体、锁相环、电流控制器、PWM 调制等各个环节。

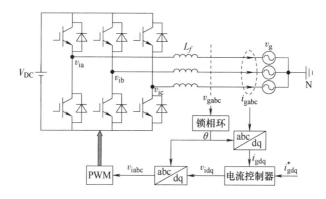

图 3-17 并网变流器的电流控制器结构

本次仿真任务以图 3-17 的闭环控制系统结构为基础，根据表 3-1 中所给的仿真参数，以 PLECS 为仿真平台，完成电流控制型变流器的并网仿真。

表 3-1 仿真参数

直流电压源 V_{DC}	800V
电网电压	有效值220V，频率50Hz
仿真时长	1s，变步长
电网侧参数并网电流	初始60A幅值，0.5s时，阶跃到30A幅值
开关频率	20kHz

（1）基本要求

1）使用正弦交流电压源作为电网，在 PLECS 中搭建三相并网变流器的电路拓扑和控制结构，观察并记录仿真结果。设置一个电流参考值阶跃，将电流 dq 分量的参考值与实际值对比，指出5%调整时间与超调量（相对阶跃变化的百分比）。观察分析对应三相交流电流、电压输出波形。

2）在采用相同控制参数的情况下，比较频域等效模型和实际电路的仿真结果。

3）i_d 的给定值不变，改变 i_q 的给定值，观察不同 i_q 时的电感电流波形，并作简要分析。

（2）深入研究问题

在完成仿真的基础上，深入研究微电网结构和参数对结果的影响：

1）比较电流纹波的仿真结果和理论计算结果的差异。改为三相四线制后，再次比较结果，并给出简要分析。

2）比较不同参数时的输出电流波形，如 PI 参数不同时的电流阶跃响应特性以及滤波器电感值不同时的电流输出波形，并给出简要分析。

2. 预期结果

根据表 3-1 的参数和 3.2 节电感滤波器的设计流程，设计得到的参数见表 3-2。

表 3-2　滤波器和控制参数

电感滤波器	3.3mH
PI 控制器比例系数 K_p	8.73
PI 控制器积分系数 K_i	10314

搭建仿真得到的 abc 坐标系下的电网电压和变流器输出电流如图 3-18 所示，因为电网电压由理想电压源塑造，因此电网电压在不同的变流器输出电流时保持不变。不同的 d 轴电流给定下，电流型变流器输出了不同幅值的三相交流电流。因为 q 轴电流给定为 0，因此变流器输出电流和电网电压同相位。

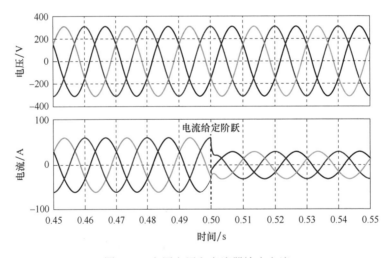

图 3-18　电网电压和变流器输出电流

变流器输出电流的 dq 轴分量如图 3-19 所示，可以看到，变流器输出电流的 dq 轴分量都能够准确的跟踪给定电流，且因为电流控制器中已经做了 dq 轴的解耦，当 d 轴电流发生阶跃时，q 轴电流几乎没有变化，即 dq 轴电流之间没有相互影响。

实际电路和 s 域模型下的变流器输出电流如图 3-20 所示。两种情况下的变流器输出电流的 dq 轴分量在稳态和动态下都高度吻合，证明了 s 域模型实现了实际电路的准确建模。两种电流最大的区别在于 s 域模型忽略了实际电路中的开关过程，开关过程产生高频次的谐波。因此 s 域模型的输出电流没有纹波，而实际电路模型的输出电流有纹波。

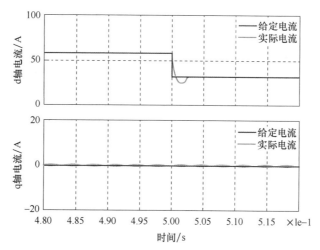

图 3-19　dq 轴下的变流器输出电流

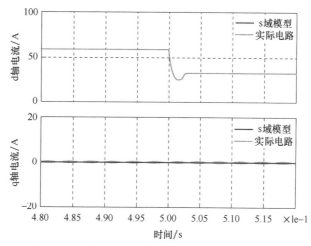

图 3-20　实际电路和 s 域模型下的变流器输出电流

参 考 文 献

[1] HOLMES D G. Pulse width modulation for power converters：principles and practice［M］. New Jersey：Wiley-IEEE Press ，2003.

[2] LISERRE M，BLAABJERG，F HANSEn S. Design and Control of an LCL-Filter-Based Three-Phase Active Rectifier［J］. IEEE Transactions on Industry Applications，2005，41（5）：1281-1291.

[3] TANG W，MA K，SONG Y. Critical damping ratio to ensure design efficiency and stability of LCL filters［J］. IEEE Transctions on Power Electronics，2021，36（1）：315-325.

[4] TWINING E，HOLMES D G. Grid current regulation of a three-phase voltage source inverter with an LCL input filter［C］. Proceeding of IEEE PESC'02，2002，3：1189-1194.

[5] WU WEIMIN，SUN YUNJIE，HUANG MIN. A robust passive damping method for LLCL-filter-based grid-tied inverters to minimize the effect of grid harmonic voltages［J］. IEEE Transactions on Power Electronics，2014，29（7）：3279-3289.

第 4 章 电压控制型 DC-AC 变流器

电压控制型变流器是一种以端口输出电压为受控量的变流器，作为一个具有固定电压幅值和频率的受控电压源节点，其对微电网母线电压起到塑造和支撑作用。当微电网运行在孤岛模式下时，大电网无法再支撑微电网的母线电压，此时需要并网变流器共同维持。而第 3 章中介绍的电流控制型变流器依赖端口电压生成电流给定，从而实现输出功率直接控制，其无法直接控制端口电压。因此，为保证孤岛状态下微电网的正常工作，需要电压控制型变流器控制端口电压频率和幅值，主动塑造母线电压形态、支撑母线电压稳定[1]。

常见的电压控制型三相两电平变流器如图 4-1 所示，与图 3-1 所示的电流控制型变流器相比，两种变流器有着相同的开关电路，它们在电路上的主要区别在于滤波器结构。电流控制型变流器采用 L 或 LCL 滤波器实现电流滤波，而电压控制型变流器采用了 LC 滤波器用于滤除电压谐波[2]。在控制系统方面，电流控制型变流器的控制目标为使变流器输出电流跟踪电流给定，直接控制输出电流和输出功率；电压控制型变流器的控制目标为使变流器的电容电压跟踪电压给定，直接控制端口输出电压，而输出电流和功率由变流器和微电网相互作用决定。

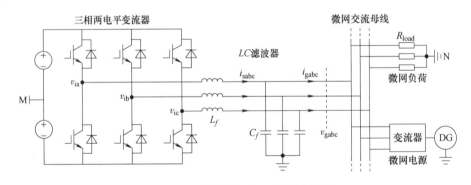

图 4-1 电压控制型三相两电平变流器

4.1 电压型变流器的设计及建模

4.1.1 LC 滤波器设计

根据变流器的开关特性，电压型变流器在输出端产生脉冲宽度时宽时窄、正负切变电压波形，而电网理想电压通常是光滑的正弦波形，如果直接接入微电网，将向微网注入大量开关频率谐波，降低交流母线电压 v_{gabc} 的电能质量，危害微网负荷正常运行。因此，有必要使用滤波器滤除开关频率谐波。使用 L 滤波器可以滤除电流中的高频谐波，但其对输出电压无滤波作用。LC 滤波器在单 L 滤波器基础上增加了并联滤波电容，为高频谐波提供低阻回路，对输出电压呈现二阶低通滤波特性，提升了微网交流母线电压 v_{gabc} 的电能质量。因此电压型变流器通常采用 LC 滤波器。

之前提到，LC 滤波器呈现二阶低通滤波特性，作用是滤除输出电压中的开关频率谐波，因此 LC 滤波器谐振频率 f_{res}（转折频率）的合适选取是设计滤波电感 L_f 和滤波电容 C_f 的关键。假设三相 LC 滤波器参数对称，可以提取其中任意一相进行单相分析。电路拓扑如图 4-2 所示，v_i，v_g 分别为 LC 滤波器输入、输出电压，i_s，i_g 分别为输入、输出电流，i_C 为流过电容电流。考虑 LC 滤波器的幅频特性，为充分抑制开关频率 f_{sw} 的电压谐波，并且不影响基波电压，谐振频率 f_{res} 的选取应满足[3]：$10f_{AC}<f_{res}\ll f_{sw}$。因此，可以选取谐振频率 f_{res} 为 $f_{res}=\dfrac{1}{10}f_{sw}$。

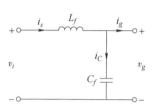

图 4-2　LC 滤波器电路拓扑

滤波电感 L_f 和滤波电容 C_f 的另一选择依据是滤波器的无功功率 Q。当滤波器的无功容量 Q 达到最小值，滤波器损耗也最小。忽略电流电压中的谐波，变流器的 LC 滤波器的无功容量可以表示为[4]

$$Q=\omega_1 L_f I_s^2+\omega_1 C_f V_g^2 \tag{4.1}$$

式中　ω_1——基波频率；

　　　I_s——变流器侧电流的有效值；

　　　V_g——电容电压的有效值。

而输出电流 i_g 的有效值 I_g 可以表示为

$$I_g=\sqrt{I_s^2+(\omega_1 C_f V_g)^2} \tag{4.2}$$

又可以根据 LC 滤波器的截止频率，得到电感感值和电容容值的关系为

$$\omega_{res}=\frac{1}{\sqrt{L_f C_f}}\Rightarrow C_f=\frac{1}{\omega_{res}^2 L_f} \tag{4.3}$$

式中，谐振角频率和谐振频率的关系为 $\omega_{res}=2\pi f_{res}$。

将式（4.2）和式（4.3）代入到式（4.1）中，可以得到 LC 滤波器的无功容量可以表示为

$$Q=\omega_1 I_g^2 L_f+\left(\frac{\omega_1 V_g^2}{\omega_{res}^2}+\frac{\omega_1^3 V_g^2}{\omega_{res}^4}\right)\frac{1}{L_f} \tag{4.4}$$

当无功容量 Q 达到最小值，即取 $\dfrac{\partial Q}{\partial L_f}=0$ 时，有

$$L_f=\sqrt{\frac{\dfrac{\omega_1 V_g^2}{\omega_{res}^2}+\dfrac{\omega_1^3 V_g^2}{\omega_{res}^4}}{\omega_1 I_g^2}} \tag{4.5}$$

在选取好谐振频率 f_{res} 后，可以通过设计好的滤波电感值 L_f，结合 LC 滤波器的谐振频率

计算式，即式（4.3），得到滤波电容 C_f 的设计值为

$$C_f=\frac{1}{\omega_{res}^2 L_f}=\sqrt{\frac{\omega_1 I_g^2}{\omega_{res}^2\omega_1 V_g^2+\omega_1^3 V_g^2}} \quad (4.6)$$

给出参考 LC 滤波器设计示例，见表4-1。

表4-1　电压控制型变流器参数

给定参数	开关频率 f_{sw}	输出交流电压 V_{AC}	额定交流电流 I_{AC}
参数值	20kHz	220V RMS	50A RMS

1）设计谐振频率 f_{res}：$f_{res}=\frac{1}{10}f_{sw}=2\text{kHz}$。

2）设计滤波电感 L_f：$L_f=\sqrt{\dfrac{\dfrac{\omega_{AC}V_{AC}^2}{\omega_{res}^2}+\dfrac{\omega_{AC}^3 V_{AC}^2}{\omega_{res}^4}}{\omega_{AC}I_{AC}^2}}=350\mu\text{H}$。

3）设计滤波电容 C_f：$C_f=\dfrac{1}{(2\pi f_{res})^2 L_f}=18\mu\text{H}$。

利用示波器观察滤波前后的图像，得到开关电路输出电压波形如图 4-3 所示。可以看到，开关电路输出的电压为典型的 PWM 波形，而经过 LC 滤波器的电压如图 4-4 所示，为典型的正弦电压且纹波很小，可以作为微电网中的母线电压。

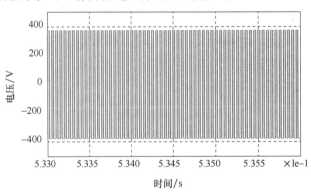

图 4-3　未经 LC 滤波器的开关电路输出电压

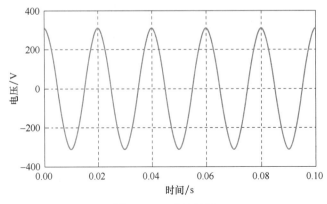

图 4-4　LC 滤波波形

4.1.2 带 *LC* 型滤波器 DC-AC 变流器的 dq0 坐标系模型

本节将采用与 3.2.2 节类似的方法,将 DC-AC 变流器的电路拓扑进行两级拆分,对带 *LC* 型滤波器的电压控制型变流器进行数学分析,并且完成变流器在 dq0 坐标系下的建模。如图 4-5 所示,电压控制型 DC-AC 变流器的建模可以拆分为两级:第一级为开关桥桥臂,主要实现电压控制下的 DC-AC 变换,等效传递函数是从调制波信号 v_{tri} 到桥臂输出电压 v_i;第二级为 *LC* 滤波器,主要是滤除输出电压中的开关次谐波,传递函数是从桥臂脉冲输出电压 v_i 到交流微电网电压 v_g。

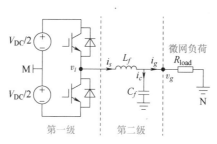

图 4-5　*LC* 单相开关桥的拓扑线路图

由于第一级开关桥臂与电流控制型变流器的开关桥臂完全相同,基于 3.2.2 节的结论,调制波信号 v_{tri} 到桥臂输出电压 v_i 的等效传递函数可以表示为一个增益环节

$$K_{PWM} = \frac{V_i(s)}{V_m(s)} = \frac{\langle v_i(t)\rangle_{T_{sw}}}{v_m(t)} = \frac{V_{DC}}{2V_{tri}} \qquad (4.7)$$

对于第二级 *LC* 滤波器而言,其拓扑结构如图 4-6 所示,输入量为桥臂输出脉冲电压 v_i,输出量为交流微电网电压 v_g,电网电流 i_g 可以视为扰动项。根据电压与电流的关系,输入电压 v_i 与输出电网电压 v_g 的差值等于电感上电流 i_s 与电感上阻抗 $R_f + sL_f$ 之积,输出电压等于电容上的阻抗 $1/(sC_f)$ 与电容上的电流 i_C 之积,桥臂输出电流 i_s 等于电容电流 i_C 与电网电流 i_g 之和。由这些关系可列出微分方程,然后将微分方程进行拉普拉斯变换转到 s 域求解。

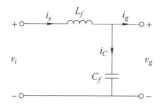

图 4-6　*LC* 滤波器频域模型

在 s 域下的电压、电流方程为

$$\begin{cases} v_i - v_g = i_s(R_f + sL_f) \\ v_g = i_C \dfrac{1}{sC_f} \\ i_g + i_C = i_s \end{cases} \qquad (4.8)$$

根据上述等式,做出 *LC* 滤波器 abc 坐标系下的传递函数框图如图 4-7 所示。

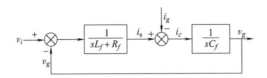

图 4-7 *LC* 滤波器 abc 坐标系的传递函数框图

由传递框图 4-7 可见，电感电流 i_s 由输入电压 v_i 与微网电压 v_g 的电压差作用在电感阻抗上生成；电感电流一部分作为微网输出电流 i_g，另一部分流过电容支路阻抗形成微网电压 v_g，反馈形成闭环。由于微网输出电流 i_g 不参与闭环反馈，可认为是扰动项。若忽略扰动项，可以求得 *LC* 滤波器的闭环传递函数为

$$\frac{v_g(s)}{v_i(s)} = \frac{\dfrac{1}{sC_f}}{(R_f + sL_f) + \dfrac{1}{sC_f}} = \frac{1}{s^2 L_f C_f + s R_f C_f + 1} \tag{4.9}$$

式（4.9）可看作是两个阻抗对输入电压的分压，输出电压对应的阻抗是电容支路上的阻抗。其中 $v_g(s)$ 为输出电压，$v_i(s)$ 为桥臂输入滤波器电压。

可以看到，*LC* 滤波器是一个典型的二阶系统，可画出伯德图如图 4-8 所示。

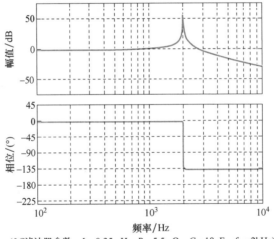

(*LC* 滤波器参数：L_f=0.35mH，R_f=5.5mΩ，C_f=18μF，f_{res}=2kHz)

图 4-8 *LC* 滤波器伯德图

观察伯德图可得 *LC* 滤波器的幅频响应和相频响应，在谐振频率 f_{res} 以前为 0dB/dec，相位为 0°；谐振频率 f_{res} 处出现谐振峰值，相位由 0° 急剧变化为 -180°；f_{res} 以后以 -40dB/dec 的斜率衰减，相位保持 -180°。谐振频率处幅频特性曲线发生转折、相位发生急变，因此也称谐振频率 f_{res} 为其转折频率。*LC* 滤波器的幅频和相频响应反映了其对输入电压的滤波特性：在低频段，幅频特性为 0dB 即增益为 1，相频特性为 0°，说明输出电压和输入电压在低频段幅值、相位完全相同；而在高频段，幅频特性小于 0dB，说明输入电压的高频分量幅值会衰减，相位会滞后 180°，频率越高衰减越明显。因此，*LC* 滤波器对输入电压呈现低通滤波特性，合理设计谐振频率 f_{res}，可以使输入 *LC* 滤波器的开关频率次谐波被滤除，只保留其中的

工频分量，输出光滑的正弦电压波形。

与 L 型滤波器类似，*LC* 滤波器也可以在 dq 坐标系下进行建模。对电感和电容分别进行建模，对于滤波电感 L_f，abc 坐标系下电感电压和电感电流满足如下关系式：

$$
\begin{bmatrix} v_{ia} \\ v_{ib} \\ v_{ic} \end{bmatrix} - \begin{bmatrix} v_{ga} \\ v_{gb} \\ v_{gc} \end{bmatrix} = R_f \begin{bmatrix} i_{sa} \\ i_{sb} \\ i_{sc} \end{bmatrix} + L_f \frac{\mathrm{d}}{\mathrm{d}t} \begin{bmatrix} i_{sa} \\ i_{sb} \\ i_{sc} \end{bmatrix} \tag{4.10}
$$

上式将 abc 三相写成三个元素的矩阵形式，基于 3.2.2 节的变换方法，等式两边同时乘以变换矩阵，变换到 dq0 同步旋转坐标系，假设三相对称并忽略零序分量，得到

$$
\begin{bmatrix} v_{id} \\ v_{iq} \end{bmatrix} - \begin{bmatrix} v_{gd} \\ v_{gq} \end{bmatrix} = R_f \begin{bmatrix} i_{sd} \\ i_{dq} \end{bmatrix} + L_f \frac{\mathrm{d}}{\mathrm{d}t} \begin{bmatrix} i_{sd} \\ i_{dq} \end{bmatrix} + \omega L_f \begin{bmatrix} 0 & -1 \\ 1 & 0 \end{bmatrix} \begin{bmatrix} i_{sd} \\ i_{dq} \end{bmatrix} \tag{4.11}
$$

其中 $\omega L_f \begin{bmatrix} 0 & -1 \\ 1 & 0 \end{bmatrix} \begin{bmatrix} i_{sd} \\ i_{dq} \end{bmatrix}$ 为耦合项，在此项中 d 轴、q 轴电感电流与电感工频感抗相乘，形成耦合电压，交叉耦合至 q 轴、d 轴电感电压上。

同理，对电容支路 C_f，在 abc 坐标系下电容电压和电容支路电流满足以下条件：

$$
\begin{bmatrix} i_{sa} \\ i_{sb} \\ i_{sc} \end{bmatrix} - \begin{bmatrix} i_{ga} \\ i_{gb} \\ i_{gc} \end{bmatrix} = C_f \frac{\mathrm{d}}{\mathrm{d}t} \begin{bmatrix} v_{ga} \\ v_{gb} \\ v_{gc} \end{bmatrix} \tag{4.12}
$$

上式同样将 abc 三相写成三个元素的矩阵形式，做与 3.2.2 节类似的坐标变换，dq 坐标系下电容支路的方程是

$$
\begin{bmatrix} i_{sd} \\ i_{sq} \end{bmatrix} - \begin{bmatrix} i_{gd} \\ i_{gq} \end{bmatrix} = C_f \frac{\mathrm{d}}{\mathrm{d}t} \begin{bmatrix} v_{gd} \\ v_{gq} \end{bmatrix} + \omega C_f \begin{bmatrix} 0 & -1 \\ 1 & 0 \end{bmatrix} \begin{bmatrix} v_{gd} \\ v_{gq} \end{bmatrix} \tag{4.13}
$$

其中 $\omega C_f \begin{bmatrix} 0 & -1 \\ 1 & 0 \end{bmatrix} \begin{bmatrix} v_{gd} \\ v_{gq} \end{bmatrix}$ 为交叉耦合项，在此项中 d 轴、q 轴电容电压与电容工频导纳相乘形成耦合电流，交叉耦合至 q 轴、d 轴电容电流上。

综合电感、电容两个方程式（4.11）和式（4.13），*LC* 滤波器在 dq 同步旋转坐标系下的频域框图如图 4-9 所示，其中左侧为电感模型，右侧为电容模型。可以看到，电感与电容

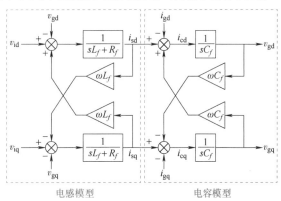

图 4-9 *LC* 滤波器 dq 坐标系下的频域框图

模型中均存在外部信号扰动项与 dq 轴间交叉耦合项：电感模型中，微网电压以扰动项形式输入电感电压，同时 d 轴、q 轴电感电流形成耦合电压交叉耦合至 q 轴、d 轴电感电压；电容模型中，微网电流以扰动项形式输入电容电流，同时 d 轴、q 轴电容电压形成耦合电流交叉耦合至 q 轴、d 轴电容电流。

4.2 电压控制系统

LC 滤波器在 dq 同步旋转坐标系下的频域模型，揭示了其 dq 轴存在双外部扰动项、dq 轴间存在双交叉耦合项的特征。由于扰动项的存在，dq 轴跟踪控制器给定信号的动态响应速度将受到影响；而由于交叉耦合项的存在，控制器难以精确、快速实现 dq 轴各自独立的控制目标。因此，为了确保电压控制型 DC-AC 变流器的电压控制性能，必须在控制器设计时抵消双外部扰动项和双交叉耦合项的影响，达到快速响应和解耦控制的目标。

4.2.1 电压控制系统结构设计

电压控制型变流器的控制系统结构如图 4-10 所示。针对在 abc 坐标系下采样得到的电压电流，首先需要进行 dq 变换。由于电压控制型变流器自身塑造电压，相角不再由外部电压进行控制，因此不需要进行锁相。根据内部的相位信息，将 abc 三相量变换到 dq 坐标系下；再在 dq 坐标系下进行控制。除开环控制和直接以输出电压作为控制量的单环控制外[5]，一种对电压型变流器控制效果比较好的方法是双环 PI 控制[6]。先在外环控制电压，得到的电流量作为内环电流控制的电流参考给定，形成级联的双环控制结构[7]，其中内环控制部分与变流型变流器相同。最终控制得到的电压值通过 dq-abc 变换生成三相参考电压。

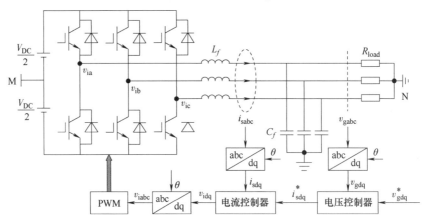

图 4-10　电压控制型变流器控制系统结构

根据 LC 滤波器的频域框图，参考电流型变流器的控制，对 dq 轴之间的前馈解耦及扰动的前馈，可以构建如图 4-11 所示的控制器。外环是在 dq 轴下的电压环，对于 d 轴：电压参考值减去实际的 d 轴电压，得到电压差值；再通过 PI 控制器，再减去 q 轴耦合得到的电流值，再加上 d 轴电流的前馈值，作为 d 轴电流的参考给定值；而后，再减去 d 轴实际电流值，通过 PI 控制器后，加上 d 轴电压的前馈，减去 q 轴耦合得到的电流值，得到 d 轴控制量。对于 q 轴同理，电压参考值减去实际的 q 轴电压，得到电压差值；再通过 PI 控制器，再减去 d 轴耦合得到的电流值，再加上 q 轴电流的前馈值，作为 q 轴电流的参考给定值；再减去 q 轴实际电流值，通过 PI 控制器后，加上 q 轴电压的前馈，减去 d 轴耦合得到的电流值，得到 q 轴控制量。

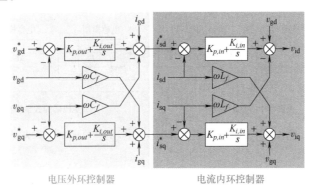

电压外环控制器　　　　　　电流内环控制器

图 4-11　电压外环控制器和电流内环控制器

将控制器与带 LC 滤波器的 DC-AC 变流器等效模型的传递框图相连，得到如图 4-12 所示结构，外环电压控制器和内环电流控制器分别以电容电压 v_g 和电感电流 i_s 为闭环受控量，通过 PI 控制器跟踪给定信号实现闭环控制。此外在抗扰和解耦方面，外环电压控制器和内环电流控制器分别通过微网电流前馈、微网电压前馈抵消 LC 滤波器电容模型和电感模型中的微网电流、微网电压扰动项，改善动态抗扰性能；通过 dq 轴交叉前馈抵消 LC 滤波器中的交叉耦合项，实现解耦控制。

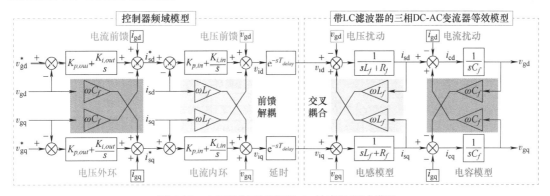

图 4-12　电压控制型变流器 dq 轴完整频域模型

图 4-12 所示电压控制型变流器 dq 轴完整频域模型与电流型变流器类似，电压型变流器的控制结构可整理如下：对于电流内环，延时环节对解耦项和前馈项的影响较小，因此内环解耦项和电压前馈项可以近似直接抵消电感模型中 dq 耦合项和电压扰动项 v_g 的影响；对于电压外环，由于电流内环是单位反馈系统，低频段增益是 0dB，而耦合项和扰动项均为低频工频分量，因此在分析时可将解耦后的电流内环与电感模型以单位增益环节替换。由此外环解耦项和电流前馈项也可以抵消电容模型中 dq 耦合项和电流扰动项 i_g 的影响，实现抗扰和解耦控制。

需要注意的是，由于线性调制范围（$-V_{DC}/2$，$+V_{DC}/2$）的限制，需要根据开关桥臂的等效调制增益 K_{PWM} 设计归一化环节，防止调制信号幅值超过正负直流母线电压而发生过调制。忽略控制器延时环节，对图 4-12 中的完整频域模型等效后，可以得到下图 4-13 所示的 dq 轴双闭环简化频域模型。双闭环系统中的两个反馈分别为测量变流器的电感电流作为内环控制，测量变流器的电容电压实现外环控制。

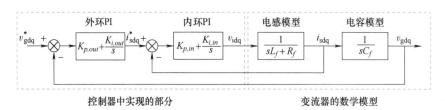

图 4-13　电压控制型变流器 dq 轴双闭环简化频域模型

4.2.2　电压控制系统参数设计

电压控制型变流器 dq 简化频域模型包括电流内环、电压外环两个闭环反馈，涉及待设计参数包括外环和内环 PI 控制器的比例和积分增益系数，变量个数多，不宜将内外环作为整体笼统分析。

由于内外环在控制框图上的嵌套结构，可先从内环开始设计，获得设计完成的内环闭环传递函数后，插入外环前向通路，因而双环结构被简化为单环，可以在外环设计时应用与内环相似的单环分析方法。此外，由于电流内环的响应速度快于电压外环，根据带宽设计原则，也需从高带宽的控制环路开始设计，从内到外带宽逐渐降低。因此，本节将先设计电流内环 PI 控制器参数，基于内环的设计结果继续设计电压外环 PI 控制器参数，最终完成双环控制结构参数设计。

对于电流内环，其频域传递框图如图 4-14 所示，由 PI 控制器和电感模型组成。

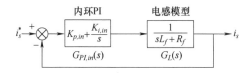

图 4-14　电流内环闭环传递框图

由图 4-14 可知，电流内环各环节的传递函数是

$$\begin{cases} G_{PI,in}(s) = K_{p,in} + \dfrac{K_{i,in}}{s} \\ G_L(s) = \dfrac{1}{R_f + sL_f} \end{cases} \tag{4.14}$$

式中　$K_{p,in}$——内环 PI 控制器的比例系数；

$K_{i,in}$——内环 PI 控制器的积分系数。

电流内环的开环传递函数等于各环节的传递函数之积，得到

$$G_{in,open}(s) = G_{PI,in}(s)G_L(s)$$

与电感滤波器类似，电流内环的控制参数设计关键也在于开环传递函数的穿越频率 $f_{cr,in}$ 和 PI 控制器转折频率 $f_{zt,in}$ 的选取。参考电流型变流器，为保证系统稳定性，可以选取

56

$$\begin{cases} f_{cr,in} = \left(\dfrac{1}{10} \sim \dfrac{1}{20} \right) f_{sw} \\[3mm] f_{zt,in} = \left(\dfrac{1}{10} \sim \dfrac{1}{20} \right) f_{cr,in} \end{cases} \tag{4.15}$$

式中 f_{sw}——开关频率，而后即可以求解

$$\begin{cases} \| G_{in,open}(j2\pi f_{cr,in}) \| = 1 \\[3mm] K_{i,in} = 2\pi f_{zt,in} K_{p,in} \end{cases} \tag{4.16}$$

得到内环的 PI 参数 $K_{p,in}$ 和 $K_{i,in}$。

对于电压外环，设计时可将电流内环闭环传递函数作为一个整体插入电压外环的前向通路中，将双环模型简化为单环。典型的电流内环闭环传递函数伯德图如图 4-15 所示，由于电流内环带宽远远大于电压外环，在设计电压外环主要关注的低频段内增益接近 1、相移接近 0°，因此可以用单位增益环节等效电流内环闭环传递函数，进一步简化电压外环模型。

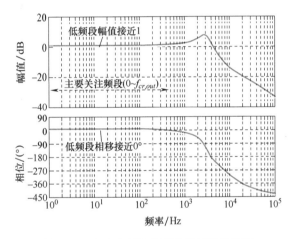

图 4-15　电流内环的闭环传递函数伯德图

电压控制外环的频域传递框图可简化为图 4-16。

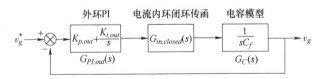

图 4-16　电压控制外环频域传递框图

由图 4-16 可知电压外环各环节的传递函数是

$$\begin{cases} G_{PI,out}(s) = K_{p,out} + \dfrac{K_{i,out}}{s} \\[4mm] G_C(s) = \dfrac{1}{sC_f} \\[4mm] G_{in,closed}(s) = \dfrac{G_{in,forward}(s)}{1+G_{open}(s)} = \dfrac{G_{PI,in}(s)G_L(s)}{1+G_{PI,in}(s)G_L(s)} \approx 1 \end{cases} \tag{4.17}$$

电压外环的开环传递函数等于将各环节的传递函数相乘，得到

$$G_{out,open}(s) = G_{PI,out}(s) G_{in,closed}(s) G_C(s) \tag{4.18}$$

式中，$K_{p,out}$ 为内环 PI 控制器比例参数；$K_{i,out}$ 为内环 PI 控制器积分参数。

对于电压外环，除保证系统稳定性外，为保证电压外环和电流内环之间不相互影响，还要保证外环的控制带宽低于电流内环，因此外环的开环穿越频率 $f_{cr,out}$ 不仅仅要低于开关频率，还要低于内环的穿越频率 $f_{cr,in}$。

因此电压外环的穿越频率 $f_{cr,out}$ 和转折频率 $f_{zt,out}$ 可以选取

$$\begin{cases} f_{cr,out} = \left(\dfrac{1}{5} \sim \dfrac{1}{10} \right) f_{cr,in} \\ f_{zt,out} = \left(\dfrac{1}{10} \sim \dfrac{1}{20} \right) f_{cr,out} \end{cases} \tag{4.19}$$

同样，可以求解

$$\begin{cases} \| G_{out,open}(j2\pi f_{cr,out}) \| = 1 \\ K_{i,out} = 2\pi f_{zt,out} K_{p,out} \end{cases} \tag{4.20}$$

设计后，如控制带宽较低，需提高系统的动态性能，调整设计参数也需按照先内环后外环的顺序，适当增大各穿越频率、转折频率的选取值，再重新计算 PI 参数。

沿用表 4-1 设计得到的 LC 参数：电感 L_f 为 0.35mH，电容 C_f 为 18μF。则有：

1）电流内环穿越频率和转折频率的选取为

$$\begin{cases} f_{cr,in} = \dfrac{1}{10} f_{sw} = 2\text{kHz} \\ f_{zt,in} = \dfrac{1}{10} f_{cr,in} = 200\text{Hz} \end{cases} \tag{4.21}$$

2）电流内环控制参数满足方程：

$$\begin{cases} \| G_{in,open}(j2\pi f_{cr,in}) \| = \| G_{PI,in}(j2\pi f_{cr,in}) G_L(j2\pi f_{cr,in}) \| = 1 \\ K_{i,in} = 2\pi f_{zt,in} K_{p,in} \end{cases} \tag{4.22}$$

3）求解方程，得到电流内环控制参数为

$$\begin{cases} K_{p,in} = 4.38 \\ K_{i,in} = 5500 \end{cases} \tag{4.23}$$

4）对应的电流内环伯德图如图 4-17 所示。根据伯德图，电流内环相位裕度为 31.3°，穿越频率为 2000Hz。

5）考虑控制带宽，电压外环穿越频率和转折频率的选取为

$$\begin{cases} f_{cr,out} = \dfrac{1}{5} f_{cr,in} = 400\text{Hz} \\ f_{zt,out} = \dfrac{1}{10} f_{cr,out} = 40\text{Hz} \end{cases} \tag{4.24}$$

6）在求解电压外环方程时，电流内环闭环传递函数 $G_{in,closed}(s)$ 在穿越频率 $f_{cr,out}$ 处的幅值增益 K_{in}，可以直接从伯德图幅频响应中读出

$$\begin{cases} G_{in,closed}(j2\pi f_{cr,out}) = 0.884\text{dB} \\ K_{in} = \| G_{in,closed}(j2\pi f_{cr,out}) \| = 1.107 \end{cases} \tag{4.25}$$

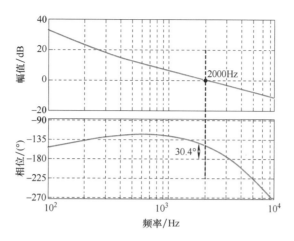

图 4-17　电流内环控制的开环伯德图

7）因此，电压外环控制参数满足方程：

$$\begin{cases} \| G_{out,open}(j2\pi f_{cr,out}) \|= 1 \\ K_{i,out} = 2\pi f_{zt,out} K_{p,out} \end{cases} \quad (4.26)$$

8）求解方程，得到电压外环控制参数为

$$\begin{cases} K_{p,out} = 0.041 \\ K_{i,out} = 10.22 \end{cases} \quad (4.27)$$

9）根据如 4-18 所示伯德图，电压外环相位裕度为 75.1°，电压外环穿越频率为 400Hz（低于电流内环穿越频率 2000Hz，且高于基波频率 50Hz）。

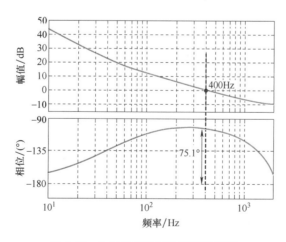

图 4-18　电压外环控制的开环伯德图

10）将设计完成的双环控制参数输入仿真模型，变流器 d 轴电压给定在 0.25s 处设置从 155V 阶跃至 311V，q 轴电压给定保持 0 不变，得到的控制器响应如图 4-19 所示。可以看到，稳态时输出电压闭环受控，实现无差追踪电流给定；暂态时面对阶跃信号输入，输出电压的调节时间约为 5ms，超调量约为 22%。同时，由于延时环节的存在，控制器中的前馈解耦无法完全抵消 LC 滤波器模型中的 dq 交叉耦合项，表现为 q 轴电压在 d 轴电压发生突变时也出现了小幅波动。

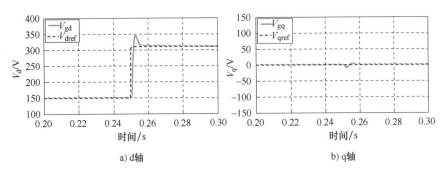

a) d轴   b) q轴

图 4-19   电压控制型变流器 dq 轴输出电压和给定信号对比

4.3 仿真任务：电压控制型变流器设计

1. 任务及条件描述

电压控制型变流器的并网控制包括了电路拓扑结构的搭建、数学模型内部参数的设计、控制环的搭建以及控制环节的 PI 参数设计。

本次仿真任务以图 4-20 的闭环控制系统结构为基础，根据表 4-2 中所给的仿真参数，以 PLECS 为仿真平台，完成电压型变流器的并网仿真。

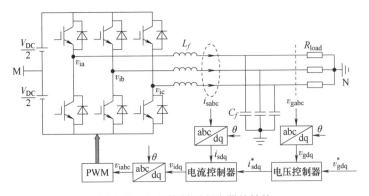

图 4-20   电压控制型变流器的结构

表 4-2   仿真参数

直流电压源	纯电阻负载	开关频率	仿真时长	负载电压
$V_{DC}=800V$	每相 8Ω	20kHz	1s 变步长	50Hz 三相正弦波 初始220V RMS, 0.5s 时, 阶跃到 110V RMS

（1）基本要求

1）根据给定的要求，设计三相 DC-AC 变流器的 LC 滤波器（滤波电感的寄生电阻 R_f 设置为电感值工频下感抗 L_f 的 5%）。

2）采用电压外环，电流内环的双闭环结构控制负载电压；设计内环和外环的 PI 参数，在 MATLAB 中绘制给定条件下三相 DC-AC 电压型变流器系统内、外环的开环、闭环传递函数伯德图。根据伯德图分别给出系统内、外环的相位裕度和带宽并且分析系统的稳定性。

3）在 PLECS 中搭建三相并网变流器的电路及控制系统，将 dq 分量的参考值与实际值对比，指出 5% 调整时间与超调量（相对于阶跃变化的百分比），观察并记录仿真结果。

（2）深入研究问题

在 PLECS 中采用传递函数建立三相 DC-AC 并网变流器 dq 轴下的等效模型，采用相同的控制回路和控制参数，并和实际开关电路的仿真结果作比较（包括内、外环参考值和实际值），注意耦合项和扰动项。

注意：电压型变流器的相位 θ 来自给定，直接利用锯齿波或斜波信号产生。

2. 预期结果

根据上文所示参数和 4.2 节、4.3 节 LC 滤波器的设计流程，设计得到的参数见表 4-3。

表 4-3　滤波器以及 PI 控制的参数

参　　　数	数　　　值
电感滤波器	0.6mH
电容滤波器	9μF
电流内环 PI 控制器比例系数	7.96
电流内环 PI 控制器积分系数	10006
电压外环 PI 控制器比例系数	0.0292
电压外环 PI 控制器积分系数	7.35

搭建仿真得到的 abc 坐标系下的变流器输出电压和负载电流如图 4-21 所示，因为负载为纯阻性负载，因此负载电流和变流器输出电压相位相同且幅值随输出电压的变化而变化。不同的 d 轴电流给定下，电压型变流器输出了不同幅值的三相交流电压。

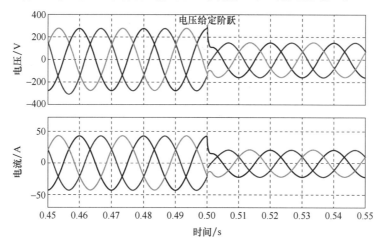

图 4-21　变流器输出电压和负载电流

　　变流器输出电压的 dq 轴分量如图 4-22 所示，可以看到，变流器输出电压的 dq 轴分量都能够准确的跟踪给定电流，且因为电压控制器中的 dq 轴解耦，当 d 轴电压发生阶跃时，q 轴电压几乎没有变化，即 dq 轴电压之间没有相互影响。

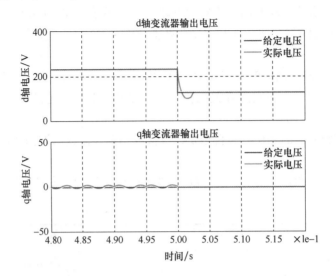

图 4-22　变流器输出电压的 dq 轴分量

　　实际电路和 s 域下的变流器输出电压如图 4-23 所示。实际电路和 s 域模型下的变流器输出电压的 dq 轴分量在稳态和动态下都高度吻合，证明了 s 域模型实现了实际电路的准确建模。两种电压最大的区别在于 s 域模型忽略了实际电路中的开关过程，因此，s 域模型的输出电压没有纹波，而实际电路模型的输出电压有纹波。

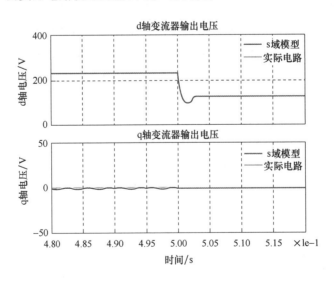

图 4-23　实际电路和 s 域下的变流器输出电压

参 考 文 献

［1］ LOH POH CHIANG, NEWMAN M J, ZMOOD D N. A comparative analysis of multiloop voltage regulation strategies for single and three-phase UPS systems ［J］. IEEE Transactions on Power Electronics, 2003, 18 (5)：1176-1185.

［2］ LOH POH CHIANG, HOLMES D G. Analysis of multiloop control strategies for LC/CL/LCL-filtered voltage-source and current-source inverters ［J］. IEEE Transactions on Industry Applications, 2005, 41 (2)：644-654.

［3］ STEINKE J K. Use of an LC filter to achieve a motor-friendly performance of the PWM voltage source inverter ［J］. IEEE Transactions on Energy Conversion, 1999, 14 (3)：649-654.

［4］ DAHONO P A, PURWADI A, QAMARUZZAMAN. An LC filter design method for single-phase PWM inverters ［C］. Proceedings of International Conference on Power Electronics and Drive Systems, Singapore, 1995, 2：571-576.

［5］ WANG X, LOH P C, BLAABJERG F. Stability analysis and controller synthesis for single-loop voltage-controlled VSIs ［J］. IEEE Transactions on Power Electronics, 2017, 32 (9)：7394-7404.

［6］ LI Y W. Control and resonance damping of voltage-source and current-source converters with LC filters ［J］. IEEE Transactions on Industrial Electronics, 2009, 56 (5)：1511-1521.

［7］ BUSO S, FASOLO S, MATTAVELLI P. Uninterruptible power supply multiloop control employing digital predictive voltage and current regulators ［J］. IEEE Transactions on Industry Applications, 2001, 37 (6)：1846-1854.

第 5 章　微电网主从控制

在实现了单个变流器输出电压、电流的精准控制后，通过将微电网中不同类型的分布式电源整合，在一定程度上克服了分布式电源出力随机性和波动性缺陷，提高了可再生能源利用率。但是，微电网要实现持续稳定运行，需要对内部分布式电源进行合理的协调控制。微电网中多个变流器之间的协调控制主要包括几个方面[1]：①功率分配；②母线电压幅值和频率的控制；③潮流优化。根据不同的通信系统和变流器功能，设计出微电网的两种综合控制策略：主从控制和对等控制。其中，主从控制的原理较为简明，这章将着重介绍。

当微电网连接大电网运行时，大电网可对微电网的电压和频率进行强力支撑，并维持整个微电网系统能量平衡，此时微电网中所有分布式电源可按最大能力输出，最大化可再生能源的利用率。但当微电网处于孤岛模式运行时，失去了大电网的电压和频率支撑，此时可以由一个较大容量的电源（或储能系统）作为主要电源，负责维持微电网的电压和频率。其他分布式电源或储能装置则按照相互之间的容量比输出功率，保证微电网系统的功率平衡。负责维持母线电压的电源被称为主微源，一般选择容量较大且出力稳定的电源或长时储能装置作为主微源；而其他负责功率平衡的电源被称为从微源，一般选择容量较小、功率波动较大的分布式电源和储能[2,3]。

一个包含主从微源的典型微电网结构如图 5-1 所示，主微源只有一个，从微源有多个。图 5-1 中，各微源通过电力电子变流器连接到微电网的交流母线上，同时微电网系统根据运行需求通过断路器实现与电网的连接或切断。主微源一般采用电压/频率控制（V/f 控制），用于稳定微电网的电压和频率；所有的从微源一般采用有功/无功控制（P/Q 控制），用于最大化输出分布式电源的功率[4]。在这种结构下，当各变流器独立运行而不采取协调控制时，因负载变化产生的电流变化将完全由主微源承担。考虑到主微源容量有限，为提高微网可承受的负载变化范围，需要加入一个集中控制机制，使从微源也在微电网负载变化时参与功率分配。

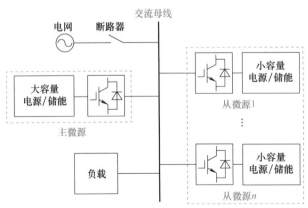

图 5-1　主从微源控制下微电网的拓扑结构

加入集中控制器的微网主从控制拓扑结构如图 5-2 所示。借助通信系统，可将负荷变化、微源数量以及各电源额定功率传达给集中控制器进行协调控制。集中控制器将根据上述信息，生成合适的电流参考信号并将其传送到从微源。在这种情况下，从微源能看到并响应负载变化，并确保发电功率和负载需求之间的平衡。

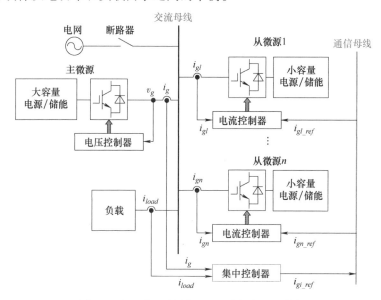

图 5-2　加入集中控制器的主从控制拓扑结构

可以看到，采用了主从控制的微电网有以下几个优点：

1）易于实现不同负载下主微源和从微源的最优功率分配。集中控制器可以根据微电网中主微源和所有从微源的工作状态，计算出当前负载下各微源最优的功率分配。

2）结构及控制系统设计简单。从图 5-2 可知，主从控制只需要一个集中控制器实现，并不改变主微源和从微源的控制系统，因此只需要设计集中控制器。但是，主从控制的微电网也有着以下缺陷[5]：①母线电压可靠性差：主从控制的微电网中，母线电压只由一个主微源塑造，当这个主微源发生故障时，微电网的母线电压缺乏支撑，需要重新选择一个微源来支撑母线电压，这个切换过程很复杂，且容易导致微电网无法正常工作；②通信系统复杂且成本较高：由图 5-2 可知，通信系统负责连接集中控制器和所有微源的控制器，当微源的数量较多时，通信系统会变得复杂且成本较高；③微电网扩展性差：在主从控制中，集中系统需要知道所有微源的信息且需要和所有从微源通信，因此每当微电网中需要接入新的微源时，都需要修改集中控制器和通信系统，无法做到微源到微电网的即插即用。

5.1　单台变流器的恒功率控制

在前面的介绍中可知，从微源采用的是恒功率的控制方式。下面将具体介绍从微源单个变流器恒功率的控制原理和结构。恒功率控制通常用于可调度的微电源有功功率和无功功率的输出控制，依据预先设定的功率参考值控制变流器的输出功率。

常见的功率控制应用场合有静止无功发生器（Static Var Generator，SVG）、STATCOM、统一潮流控制器（Unified Power Flow Controller，UPFC）等。静止无功发生器是由自换相的电力半导体桥式变流器来进行动态无功补偿的装置。SVG 并联于电网中，相当于一个可变的无功电流源，其无功电流可以快速地跟随负荷无功电流的变化而变化，自动补偿系统所需无功功率，其示意图如图 5-3 所示。

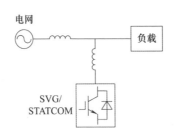

图 5-3　无功补偿器（SVG/STATCOM）

统一潮流控制器是由两组或多组共用直流母线的电压源换流器分别以并联和串联的方式接入交流电网，可以同时调节线路阻抗、控制电压的幅值和相角。它包括了电压调节、串联补偿和移相等能力，可以同时且快速地独立控制输电线路中有功功率和无功功率，其示意图如图 5-4 所示。

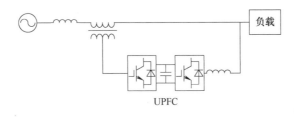

图 5-4　统一潮流控制器（UPFC）

总而言之，为了保证电网的稳定运行，功率控制是十分必要且被广泛采用的。接下来介绍功率控制的实现方式。

5.1.1　三相系统的瞬时功率计算

传统的有功功率和无功功率计算是在电路达到稳态时进行的，它假设电压和电流之间的相位差保持不变。因此，它不能反映电路中瞬时功率的变化情况，难以应用到电力电子变流器的控制系统中。针对单台变流器的功率控制，首先需要实现瞬时功率的计算。在实际控制中，单相系统的输出功率有二倍频波动，加大了控制难度，因此功率控制更多地被应用于三相系统。此处针对三相系统的瞬时功率计算进行说明。

在三相系统中，对称的三相电压和三相电流可以通过坐标转换变为静止 $\alpha\beta$ 坐标系。赤木泰文教授提出了在静止 $\alpha\beta$ 坐标系下的瞬时有功功率和瞬时无功功率的定义为[6]

$$\begin{cases} p = v_\alpha \cdot i_\alpha + v_\beta \cdot i_\beta \\ q = v_\alpha \times i_\alpha + v_\beta \times i_\beta \end{cases} \tag{5.1}$$

对应的计算过程如图 5-5 所示，其中 $v_{\alpha\beta}$ 和 $i_{\alpha\beta}$ 均在 $\alpha\beta$ 平面上以 ωt 的速度旋转。因为 $v_{\alpha\beta}$ 和 $i_{\alpha\beta}$ 均在 $\alpha\beta$ 平面上，因此 $v_{\alpha\beta}$ 和 $i_{\alpha\beta}$ 点乘计算得到的有功功率在 $\alpha\beta$ 平面上，叉乘计算得到

的无功功率垂直于 αβ 平面。

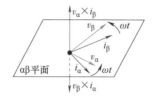

图 5-5　αβ 坐标系下的瞬时无功功率

根据图 5-5 所示，式（5.1）中的瞬时无功功率计算可以写为

$$\begin{cases} \boldsymbol{p} = v_\alpha \boldsymbol{i}_\alpha + v_\beta \boldsymbol{i}_\beta \\ \boldsymbol{q} = v_\beta \boldsymbol{i}_\alpha - v_\alpha \boldsymbol{i}_\beta \end{cases} \tag{5.2}$$

上式对应的是坐标变换采用恒功率变换形式，也就是保证了变换前后矢量和的幅值保持不变，瞬时功率不变。电压和电流的 abc 到 αβ 的坐标变换采用的是恒功率 Clark 变换

$$\begin{bmatrix} e_\alpha \\ e_\beta \end{bmatrix} = \sqrt{\frac{2}{3}} \begin{bmatrix} 1 & -\dfrac{1}{2} & -\dfrac{1}{2} \\ 0 & \dfrac{\sqrt{3}}{2} & -\dfrac{\sqrt{3}}{2} \end{bmatrix} \begin{bmatrix} e_a \\ e_b \\ e_c \end{bmatrix} \tag{5.3}$$

如果要使变换前后 i_{abc} 与 i_α，i_β 幅值相等，则需要采用恒幅值 Clark 变换

$$\begin{bmatrix} e_\alpha \\ e_\beta \end{bmatrix} = \frac{2}{3} \begin{bmatrix} 1 & -\dfrac{1}{2} & -\dfrac{1}{2} \\ 0 & \dfrac{\sqrt{3}}{2} & -\dfrac{\sqrt{3}}{2} \end{bmatrix} \begin{bmatrix} e_a \\ e_b \\ e_c \end{bmatrix} \tag{5.4}$$

此时的功率表达式需要改变公式的系数。由上文分析可知，恒功率变换的矩阵系数为 $\sqrt{2/3}$，瞬时功率公式中为电压电流的乘积，因此功率对应的系数为 2/3。如果采用恒幅值变换，电压电流对应变换矩阵的系数为 2/3，因此功率对应的系数为 4/9。因此恒幅值变换的功率表达式乘以 3/2 即为恒功率变换。所以对于采用恒幅值坐标变换得到的 αβ 电压电流分量，功率表达式有如下形式：

$$\begin{cases} p = \dfrac{3}{2}(v_\alpha i_\alpha + v_\beta i_\beta) \\ q = \dfrac{3}{2}(v_\beta i_\alpha - v_\alpha i_\beta) \end{cases} \tag{5.5}$$

αβ 到 dq 坐标系变换有一个额外输入量 θ，其为 dq 坐标系相对于静止 αβ 坐标系的相位差。对功率计算中的电压、电流应用从 αβ 坐标轴到 dq 坐标轴的坐标变换

$$\begin{bmatrix} e_d \\ e_q \end{bmatrix} = \begin{bmatrix} \cos\theta & -\sin\theta \\ \sin\theta & \cos\theta \end{bmatrix} \begin{bmatrix} e_\alpha \\ e_\beta \end{bmatrix} \tag{5.6}$$

电流同理。代入式（5.5），得到 dq 轴坐标系下的功率计算表达式为

$$\begin{cases} p = \dfrac{3}{2}(v_d i_d + v_q i_q) \\ q = \dfrac{3}{2}(v_q i_d - v_d i_q) \end{cases} \tag{5.7}$$

对功率计算中的电压、电流做从 αβ 坐标轴到 abc 坐标轴的坐标变换。

$$
\begin{bmatrix} e_a \\ e_b \\ e_c \end{bmatrix} = \frac{2}{3} \begin{bmatrix} 1 & -\dfrac{1}{2} & -\dfrac{1}{2} \\ 0 & \dfrac{\sqrt{3}}{2} & -\dfrac{\sqrt{3}}{2} \end{bmatrix} \begin{bmatrix} e_\alpha \\ e_\beta \end{bmatrix} \tag{5.8}
$$

将上式代入到式（5.5）中，即可得到 abc 坐标系下的功率计算表达式为

$$
\begin{cases} p = v_a i_a + v_b i_b + v_c i_c \\ q = \dfrac{1}{\sqrt{3}} \left[(v_b - v_c) i_a + (v_c - v_a) i_b + (v_a - v_b) i_c \right] \end{cases} \tag{5.9}
$$

5.1.2 三相 DC-AC 变流器的功率控制

根据使用场景的不同，功率控制的策略选择也会有所不同。如图 5-6 所示，功率控制的分类依据如下：根据有无电流/电压环，分为基于电压定向的 PQ 控制和直接功率控制。基于电压定向的 PQ 控制又可以根据功率环是否有闭环，分为基于电压定向的 PQ 开环控制和 PQ 闭环控制；直接功率控制根据有无调制环节可以分为包含调制的直接功率控制和不含调制的直接功率控制。因为功率控制多用于采用电流控制型变流器的从微源，本节以电流型变流器为例说明功率控制的原理及相关特性，介绍电流型变流器的控制电路建模，并详细介绍基于功率控制目标的控制方式。

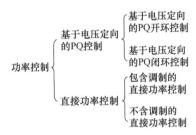

图 5-6 功率控制的分类

5.1.2.1 基于电压定向的 PQ 开环控制

基于电压定向的 PQ 开环控制与电流控制类似，其系统结构如图 5-7 所示。在 abc 坐标系下，首先通过对电网电压 v_{gabc} 进行锁相得到电网电压相角。与并网电流控制相比，基于电压定向的 PQ 开环控制多了一个计算电流给定的环节。该环节的计算基于瞬时功率和电压、电流之间的关系，根据参考有功、无功功率和电压计算出电流控制的电流给定，之后电流环控制部分与电流控制型变流器相同。

下面对给定计算环节进行说明。当锁相环正常工作时，$v_{\mathrm{gq}} \approx 0$，因此功率计算可以简化为

$$
\begin{cases} p \approx \dfrac{3}{2} v_{\mathrm{gd}} i_{\mathrm{gd}} \\ q \approx -\dfrac{3}{2} v_{\mathrm{gd}} i_{\mathrm{gq}} \end{cases} \tag{5.10}
$$

给定计算环节根据参考有功、无功功率和电压计算出参考电流为

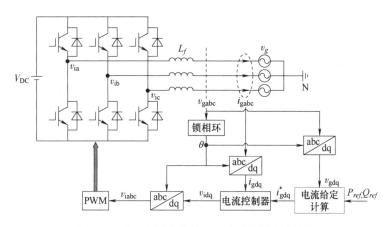

图 5-7　基于电压定向的 PQ 开环控制系统结构

$$\begin{cases} i_{\mathrm{gd}} \approx \dfrac{2}{3}\dfrac{p}{v_{\mathrm{gd}}} \\[2mm] i_{\mathrm{gq}} \approx -\dfrac{2}{3}\dfrac{q}{v_{\mathrm{gd}}} \end{cases} \tag{5.11}$$

　　因此变流器基于电压定向的控制结构如图 5-8 所示。变流器的控制系统中的电流控制器与前面章节介绍的电流型变流器类似。在通过给定计算环节计算出 dq 轴的电流参考值 i_{gdq}^{*} 后，通过 PI 控制器对参考给定和实际输出电流 i_{gdq} 进行误差补偿，后级的电网电压前馈用于抵消电网电压扰动对输出电流的影响，同时 dq 轴电流 i_{gdq} 解耦消除 d 轴和 q 轴电流之间的耦合，将输出信号 v_{idq} 通过 $1/K_{PWM}$ 归一化，用于产生 PWM 调制波。

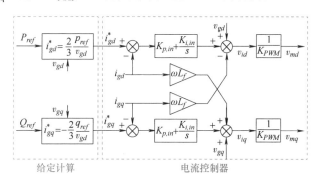

图 5-8　基于电压定向的 PQ 开环控制结构

　　基于电压定向的 PQ 开环控制的模型如图 5-9 所示，整个模型中没有引入变流器的输出功率作为控制系统的反馈信号，因此没有功率控制的闭环结构。

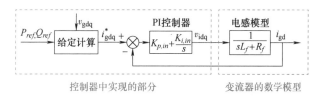

图 5-9　基于电压定向的 PQ 开环控制系统模型

总的来说，基于电压定向的 PQ 开环控制的优点为：结构简单、易于实现；PI 控制器按典型电流型变流器的设计即可。相应的缺点也十分明显，由于没有功率（p、q）的闭环反馈，很难实现功率的无静差控制，且易受到干扰，造成实际输出功率偏离给定功率。

5.1.2.2　基于电压定向的 PQ 闭环控制

基于电压定向的 PQ 闭环控制与开环控制相比，增加了一个功率控制闭环，其控制系统结构图如图 5-10 所示。整体的控制结构为由功率控制外环和电流控制内环构成的双环控制。先在外环控制有功、无功功率，得到的电流量作为内环电流控制的电流参考给定，形成级联的双环控制结构，其中内环控制部分与电流型变流器相同。最终控制得到的电压值通过 dq-abc 变换，经过归一化之后生成三相调制波。

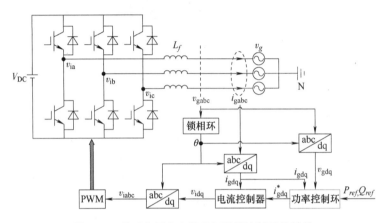

图 5-10　基于电压定向的 PQ 闭环控制系统结构

基于电压定向的 PQ 闭环控制结构如图 5-11 所示。功率控制器主要由功率计算和 PI 控制器构成：功率计算用于生成瞬时有功和无功功率；PI 控制器用于实现有功、无功功率的无静差控制。后级的电流控制则与基于电压定向的 PQ 开环控制类似。通过前级的 PI 控制得到 dq 轴的电流参考值 i^*_{gdq} 后，经过电流内环的 PI 控制、电网电压前馈、dq 轴解耦和归一化，最后得到输出的调制波。

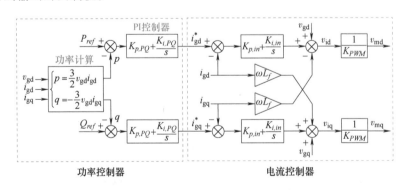

图 5-11　基于电压定向的 PQ 闭环控制结构

将控制系统与电感模型的传递框图相连，得到系统模型如图 5-12 所示，因为闭环控制引入了变流器的输出有功功率和无功功率作为反馈信号，模型中引入了基于功率计算的功率模型。功率计算为典型的非线性模型，因此基于电压定向的 PQ 闭环控制系统为一个典型的非线性系统。

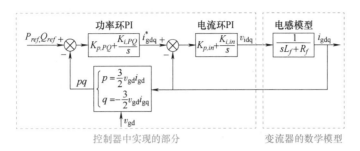

图 5-12　基于电压定向的 PQ 闭环控制系统模型

总的来说，基于电压定向的 PQ 闭环控制与开环控制相比，可以实现功率的无静差跟踪；其不足之处有 v_{gd} 变动时功率计算环节的数学模型发生变化，功率环 PI 参数难设计。

5.1.2.3　直接功率控制

直接功率控制技术（Direct Power Control，DPC）[7]将交流侧瞬时有功、无功功率作为被控制量直接进行功率的闭环控制，相比基于电压定向的 PQ 控制技术，直接功率控制技术没有负载的电流电压内环控制，算法和系统结构简单，同时系统具有良好的动态性能。

包含调制的直接功率控制系统结构如图 5-13 所示，直接功率控制策略中，控制电路没有电流控制器，只有一个功率控制器。在 abc 坐标系下，首先通过对电网电压 v_{gabc} 进行锁相得到相角来进行 dq 变换。通过计算得到功率，与参考给定有功、无功功率进行无静差调节，实现功率快速跟踪，功率控制器直接生成调制信号，用于驱动主电路的开关管。

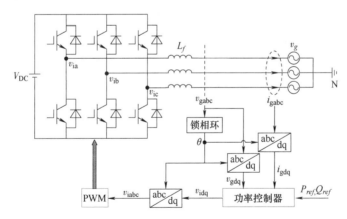

图 5-13　包含调制的直接功率控制系统结构

直接功率控制（见图 5-14）的功率控制器和基于电压定向的闭环功率控制的功率控制器类似，区别在于没有后级的电流控制环，只需要进行单环控制。功率控制器由功率计算和 PI 控制器构成：通过实时对电网电压和电流进行检测，并将瞬时有功、无功功率值计算出来，根据功率给定和实际功率的误差生成调制信号，实现瞬时功率的无静差控制。

其控制系统模型如图 5-15 所示，与基于电压定向的 PQ 闭环控制系统模型相比，直接功率控制系统少了电流内环模型，系统更加简单，只有功率环的 PI 控制器需要设计。但模型中仍然引入了基于功率计算的功率模型，功率计算为典型的非线性模型，因此基于电压定向的 PQ 闭环控制系统为一个典型的非线性系统。

　　相较于基于电压定向的 PQ 闭环控制系统，直接功率控制更加简单，并且也可以实现功率的无静差跟踪。同样地，v_{gd} 变动时，含调制的直接功率控制的功率计算环节数学模型也会变动，带来功率环 PI 参数难以设计的问题。

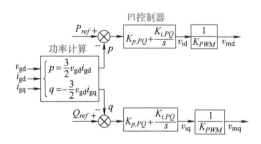

图 5-14　直接功率控制结构

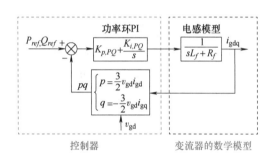

图 5-15　直接功率控制系统模型

　　除了含调制的直接功率控制外，还可以采用不含调制的直接功率控制[8]，系统结构如图 5-16 所示。和图 5-13 所示的直接功率控制相比，此处的功率控制器不再输出调制信号，而是输出开关表所需的查表信息。一个常见的无调制环节的功率控制系统如图 5-17 所示。功率控制器不再采用 PI 控制器，而是采用滞环控制器，利用滞环控制器判断输出功率是否在设定的输出功率范围内，并输出当前的状态 S_d 和 S_q 到开关表中，开关表根据 S_d 和 S_q 确定变流器中各个开关管的开关状态。控制系统中的开关表需要根据所选变流器的拓扑分别设计。

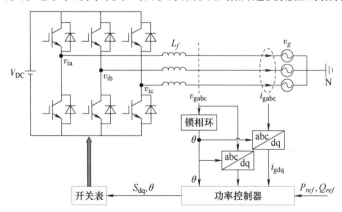

图 5-16　不含调制的直接功率控制系统结构

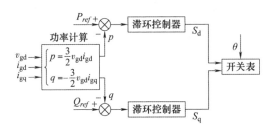

图 5-17　不含调制的直接功率控制结构

　　和包含调制的直接功率控制相比，不含调制的直接功率控制只需要滞环控制器，控制器设计简单。但是，滞环控制器也会引入开关频率不固定、控制静差较大等问题，且不同拓扑变流器的开关表并不相同，需要单独设计。

　　将以上四种功率控制方式进行对比，各自优缺点见表 5-1。

表 5-1　四种典型功率控制方式优缺点对比

优缺点	功率控制			
	基于电压定向的 PQ 开环控制	基于电压定向的 PQ 闭环控制	包含调制的 直接功率控制	不含调制的直接 功率控制
优点	结构简单；控制器参数设计简单	形成了功率的闭环控制	结构简单，形成了功率的闭环控制	结构简单，功率控制器设计简单
缺点	没有形成功率的闭环控制	结构复杂，功率控制器设计难度大	功率控制器设计难度大	开关频率不固定，开关表设计复杂

　　在选择功率控制算法时，需根据实际系统需要，结合各种功率控制的优缺点进行权衡与选择。例如，当系统要求控制精度较低时，为了节省系统控制成本、空间成本等，选择基于电压定向的 PQ 开环控制无疑是最合适的。但其很难实现功率的无静差控制，容易受到干扰影响。与基于电压定向的 PQ 开环控制相比，闭环控制则可以实现功率的无静差跟踪，控制精度更高，设计更加复杂。直接功率控制结合了两者的优点，相较于基于电压定向的 PQ 闭环控制系统更加简单，并且可以实现功率的无静差跟踪，但同样存在参数设计复杂的问题。

5.2　基于负载电流的主从控制

　　主从控制的关键是需要进行功率分配。由于电网电压相同，因此控制各个微源的电流就可以控制功率，功率分配问题也可转换为电流分配问题。因为从微源采用电流控制，因此主从控制通过向从微源发送电流给定值，改变从微源的输出功率，实现微电网中不同微源之间的功率分配。孤岛状态下，微电网中的微源需要承担负载的变化，根据负载功率的大小来决定各个微源的输出功率大小。微电网中包括多种微源和负载，结构多变，因此负载的测量需要根据不同微电网结构采用不同的实现方法。

一个典型的负载集中的微电网如图 5-18 所示，微电网中的各个负载比较集中，可以通过一条线路接入交流母线。微网中的所有负载可以通过图中的单个电流采样点实现测量，并通过简单的通信系统传输到集中控制器。因此这种结构的微电网中，主从控制可以通过直接测量负载电流实现。图 5-18 所示的微电网结构常见于规模较小、负载较少的微电网，比如目前较为常见的船舶微网、航天微网、家庭微网等。

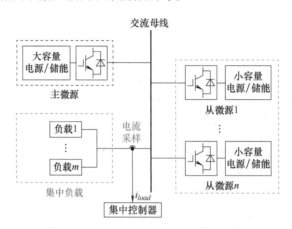

图 5-18　负载集中的交流微电网的负载测量

在负载集中的交流微电网中，主从控制依靠对负载电流直接采样获取当前负载状态，各个从微源则根据自身容量比例分配负载电流。集中控制器的目的是分配主微源与从微源的输出功率，根据负载电流采样计算出分配给各从微源电流给定，再将电流给定通过通信母线传递给各个从微源。系统结构图如图 5-19 所示。

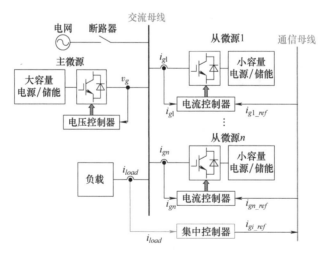

图 5-19　基于负载电流的主从控制系统结构

根据主从控制的功率分配原理，图 5-19 中所示的集中控制器所需的输入如下：①主微源容量 S_0 与从微源 1，2，…，m，容量分别为 S_1，S_2，…，S_m，其中 m 代表参与功率分配的从微源个数；②总有功负载 P_{load} 和无功负载 Q_{load}。集中控制器的输出为 P_{DG0}，P_{DG1}，P_{DG2}，…，P_{DGm} 和 Q_{DG0}，Q_{DG1}，Q_{DG2}，…，Q_{DGm}，计算过程如下：

$$P_{DGn} = \frac{S_n}{\sum\limits_{i=0}^{m} S_i} P_{load} \tag{5.12}$$

$$Q_{DGn} = \frac{S_n}{\sum\limits_{i=0}^{m} S_i} Q_{load} \tag{5.13}$$

式中，$n = 0$，1，2，$\cdots$，m。

由于小规模微电网系统中各从微源电压与主微源一致，因此微电网中所有微源的功率分配可以简化为微源的电流分配。集中控制器所需的输入转换为负载电流 i_{load}，输出转换为从微源的电流给定。从微源的电流给定根据所有微源的容量比例进行分配，与各从微源的容量成比例为

$$i_{gdq,n}^{*} = \frac{S_n}{\sum\limits_{i=0}^{m} S_i} i_{load} \tag{5.14}$$

式中　S_n——第 n 个从微源的容量。

集中控制器的输入与输出关系如图 5-20 所示。

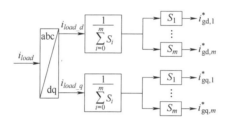

图 5-20　基于负载电流的集中控制器

考虑到微电网结构多变，难以分析所有案例，本节采用一个简化的微电网结构分析基于负载电流的主从控制在微电网中的特性。示例的微电网结构如图 5-21 所示，系统由主微源，从微源 1、从微源 2 组成，容量分别为 S_0，S_1，S_2，负载为纯阻性负载，$S_0 : S_1 : S_2 = 4 : 3 : 2$。

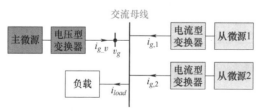

图 5-21　简化的微电网结构

主微源采用典型的电压双闭环控制，电压输出与给定电压输入的关系可以写为

$$v_{gdq} = v_{gdq}^{*} G_{V,close}(s) \tag{5.15}$$

式中　v_{gdq}——dq 轴交流母线电压；

　　　v_{gdq}^{*}——dq 轴主微源电压给定；

$G_{V,close}(s)$——电压控制系统的闭环传递函数。

从微源 1 和 2 采用单环电流控制，电流输出与给定电流输入的关系可以写为

$$i_{gdq,n}=i^*_{gdq,n}G_{I,close,n}(s) \tag{5.16}$$

式中　　$i_{gdq,n}$——从微源 n 的 dq 轴输出电流；

$i^*_{gdq,n}$——从微源 n 的 dq 轴电流给定；

$G_{I,close,n}(s)$——电流控制系统的闭环传递函数。

因为是无源负载，负载电流可以根据负载阻值计算得到

$$i_{load,d}=\frac{v_{gd}}{Z_{load}} \tag{5.17}$$

根据集中控制器中从微源的电流给定和负载电流之间的关系为

$$\begin{cases} i_{gd,n}=i^*_{gd,n}G_{I,close,n}(s) \\ v_{gd}=v^*_{gd}G_{V,close}(s) \\ i_{load,d}=\dfrac{v_{gd}}{Z_{load}} \\ i^*_{gd,n}=\dfrac{S_n}{\sum S_i}i_{load,d} \end{cases} \tag{5.18}$$

将中间项消除后，可以得到从微源 n 的输出电流和主微源的电压给定之间的关系为

$$i_{gd,n}=\frac{v^*_{gd}}{Z_{load}}\cdot\frac{S_n}{\sum S_i}G_{V,close}(s)G_{I,close,n}(s) \tag{5.19}$$

可以看出：从微源的输出电流特性与主微源的电压给定、主微源的电压闭环传递函数、从微源的电流闭环传递函数、容量比、负载都有关系。

由图 5-21 搭建仿真模型，得到的三个变流器输出电流的 d 轴分量如图 5-22 所示，仿真中 3 个微源的容量比和图 5-21 的容量比相同。需要注意的是，两个从微源有着不同的滤波器参数和控制器参数。在 0.5s 时，微电网的无源负载发生了变化。可以看到，在无源负载变化前和变化后的稳态中，3 个微源的输出电流都满足 4∶3∶2 的设定分配比例。但是，在动态过程中，因为两个从微源有着不同的滤波器参数和控制器参数，即不同的动态性能。因此，2 个从微源在负载变化的动态过程中，无法按照设定的分配比例实现功率分配。而主微源的输出功率并不受主微源自身控制，而是由负载和从微源决定，因此也无法按照设定的分配比例实现功率分配。

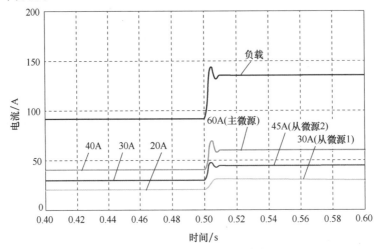

图 5-22　变流器输出电流 d 轴分量

综上所述，在小规模微网中，基于负载电流的主从控制实现了各个微源在各种负载状态下输出功率的可控分配。

5.3 无负载电流采样的主从控制

5.2 节内容介绍的主从控制的实现需要测量所有负载电流，这在负载比较集中的微电网中较为容易实现。但很多实际的微电网，如岛上微电网，有着众多的负载且分布在不同位置，只能针对各个负载单独测量电流大小。将基于负载电流采样的主从控制应用到这种结构的微电网，得到的系统结构如图 5-23 所示。可以看到，此时基于负载电流的主从控制需要大量的负载电流测量，且这些负载电流测量都需要通过通信系统传输到集中控制器中。大量的负载电流测量和传输不仅增加了系统实现的成本，更增加了系统设计的难度。因此，针对负载分散的微电网结构，基于负载电流采样的主从控制不再适用，需要采用其他的主从控制策略。

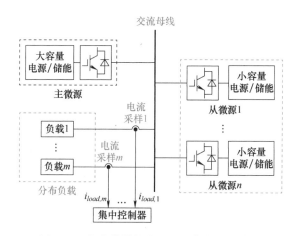

图 5-23 负载分散的微电网的负载电流采样

如图 5-23 可以看到，主微源和所有的从微源共同承担了微电网中的负载功率。当从微源不采用主从控制时，从微源的输出电流不变，因为交流母线需要保持稳定，因此从微源的输出功率不变。这种情况下，负载功率的变化全部由主微源承担。因此，主微源的输出功率可以间接的表示微电网中负载的变化。因此，可以利用主微源的输出功率实现图 5-23 所示微电网的主从控制，对应的控制系统结构如图 5-24 所示。主从控制依靠对主微源的输出电流采样间接获取当前负载状态，各从微源则根据自身容量比例跟踪主微源的基准电流以实现各微源的功率精确分配。集中控制器根据主微源输出电流采样计算出分配给各从微源的电流给定，再将电流给定通过通讯母线传递给各个从微源。

依据主从控制的功率分配原理，图 5-24 中的集中控制器所需的输入如下：①主微源容量 S_0 与从微源 $1,2,\cdots,m$ 容量 $S_1,S_2,\cdots,S_m$，其中 m 代表参与功率分配的从微源个数；②主微源有功负载 P_{DG0} 和无功负载 Q_{DG0}。集中控制器的输出为 $P_{DG1},P_{DG2},\cdots,P_{DGm}$ 和 Q_{DG1}，$Q_{DG2},\cdots,Q_{DGm}$，且

$$P_{DGn} = \frac{S_n}{S_0} P_{DG0} \tag{5.20}$$

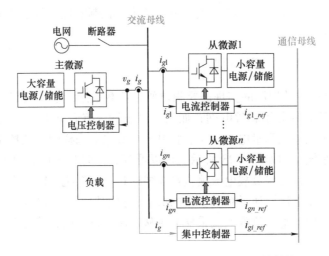

图 5-24　基于主微源输出电流的主从控制系统结构

$$Q_{DGn} = \frac{S_n}{S_0} Q_{DG0} \qquad (5.21)$$

式中，$n = 1, 2, \cdots, m$。

主微源的电压为给定值。根据上述的集中控制器进行功率分配后，得到各从微源的电流给定。由于各个微源电压近似一致，因此功率分配可以简化为电流分配。集中控制器所需的输入转换为主微源输出电流 i_{g_v}，输出转换为从微源的电流给定。从微源的电流给定根据所有微源的容量比例进行分配，与从微源的容量成比例为

$$\dot{i}_{gdq,n}^* = \frac{S_n}{S_0} \dot{i}_{gdq\_v}$$

$$(5.22)$$

式中　S_n——第 n 个从微源的容量；

　　　S_0——主微源的容量。

集中控制器的输入与输出关系如图 5-25 所示。

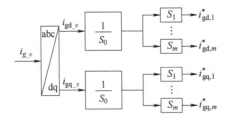

图 5-25　基于主微源输出电流的集中控制器

下面以与图 5-21 同样的微网结构为例具体分析主从控制的控制结构与功率分配策略。主微源和从微源采用 5.2 节中相同的电压控制和电流控制，电压输出与给定电压输入的关系可以写为

$$v_{gdq} = v_{gdq}^* G_{V,close}(s) \qquad (5.23)$$

电流输出与给定电流输入的关系可以写为

$$i_{gdq,n} = i_{gdq,n}^* G_{I,close,n}(s) \tag{5.24}$$

式中　　$i_{gdq,n}$——从微源 n 的 dq 轴输出电流；

$i_{gdq,n}^*$——从微源 n 的 dq 轴电流给定；

$G_{I,close,n}(s)$——电流内环的闭环传递函数。

根据无源负载算出负载电流后，与从微源输出电流相减，得到主微源的输出电流为

$$i_{gd,v} = \frac{v_{gd}}{Z_{load}} - i_{gd,1} - i_{gd,2} \tag{5.25}$$

根据集中控制器中从微源的电流给定和主微源输出电流之间的关系为

$$\begin{cases} i_{gd,1} = i_{gd,1}^* G_{I,close,1}(s) \\ i_{gd,2} = i_{gd,2}^* G_{I,close,2}(s) \\ v_{gd} = v_{gd}^* G_{V,close}(s) \\ i_{gd,v} = \dfrac{v_{gd}}{Z_{load}} - i_{gd,1} - i_{gd,2} \\ i_{gd,1}^* = \dfrac{S_1}{S_0} i_{gd,v} \\ i_{gd,2}^* = \dfrac{S_2}{S_0} i_{gd,v} \end{cases} \tag{5.26}$$

将中间项消除后，可以得到从微源的输出电流与主微源电压给定的关系为

$$\begin{cases} i_{gd,1} = \dfrac{\left(1+G_{I,close,2}(s)\dfrac{S_2}{S_0}\right)G_{I,close,1}(s)\dfrac{S_1}{S_0} - G_{I,close,1}(s)\dfrac{S_1}{S_0}G_{I,close,2}(s)\dfrac{S_2}{S_0}}{\left(1+G_{I,close,1}(s)\dfrac{S_1}{S_0}\right)\left(1+G_{I,close,2}(s)\dfrac{S_2}{S_0}\right) - G_{I,close,1}(s)\dfrac{S_1}{S_0}G_{I,close,2}(s)\dfrac{S_2}{S_0}} \cdot \dfrac{G_{V,close}(s)}{Z_{load}} v_{gd}^* \\ \\ i_{gd,2} = \dfrac{\left(1+G_{I,close,1}(s)\dfrac{S_1}{S_0}\right)G_{I,close,2}(s)\dfrac{S_2}{S_0} - G_{I,close,1}(s)\dfrac{S_1}{S_0}G_{I,close,2}(s)\dfrac{S_2}{S_0}}{\left(1+G_{I,close,1}(s)\dfrac{S_1}{S_0}\right)\left(1+G_{I,close,2}(s)\dfrac{S_2}{S_0}\right) - G_{I,close,1}(s)\dfrac{S_1}{S_0}G_{I,close,2}(s)\dfrac{S_2}{S_0}} \cdot \dfrac{G_{V,close}(s)}{Z_{load}} v_{gd}^* \end{cases} \tag{5.27}$$

可以看出：从微源的输出电流特性不仅和主微源的电压给定、主微源的电压闭环传递函数和负载都有关系，还和其他从微源变流器的电流闭环传递函数有关系。显然，该式与基于负载电流采样的主从控制中的式（5.18）有较大差别，因此尽管最终控制的结果均为按各主、从微源容量比例分配电流输出，稳态下系统的特性一致，但系统的动态特性会有所区别。

对于同样如图 5-21 所示的主从控制微电网，变换器容量比为变换器 0：变换器 1：变换器 2=4：3：2，其中变换器 0 为主微源，变换器 1 和 2 为从微源。负载电流和 3 台变流器的输出电流的 d 轴分量如图 5-26 所示。在 0.5s 时系统负载发生变化，随着负载变化进行按微源容量比例分配。

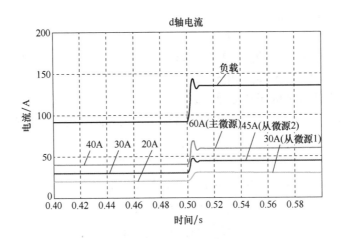

图 5-26　变流器输出电流 d 轴分量图

以前述主从控制微网为例，观察从微源 1 在负载改变时的动态特性，如图 5-27 所示，可以看出无负载电流采样的主从控制与基于负载电流采样的主从控制动态特性确实有所差别。

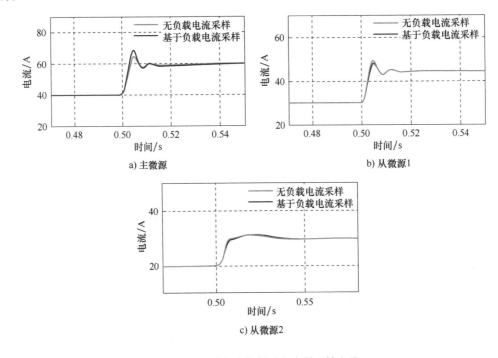

图 5-27　不同主从控制下变流器 d 轴电流

综上所述，在负载电流无法简单测量的情况下，可以采取对主微源电流采样的主从控制方式。该策略在满足电流分配精度的同时，控制算法简单，易于实现，并且该策略只需采样主微源输出电流，通过集中控制器将计算所得的从微源电流给定传递给各从变换器，通信数据量小。

5.4 仿真任务：多台变流器的主从控制器设计

1. 任务及条件描述

参考图 5-28 中多台变流器仿真模型的拓扑结构以及表 5-2 的仿真参数，根据前几节介绍的微电网主从控制的内容，完成多台变流器的主从控制器设计。

表 5-2 仿真参数

直流电压源	800V
交流母线有效值	220V RMS
交流电压频率	50Hz
开关频率	20kHz
仿真步长	1s，变步长
变换器容量比	变换器 0：变换器 1：变换器 2 = 4：3：2
负载 R_{load}	0.5s 前为 3.4Ω，0.5s 变为 2.3Ω

对于变流器 0（电压控制型），其 LC 滤波器参数采用 $C_f = 9.9 \times 10^{-6}$F，$L_f = 6.4 \times 10^{-4}$H，$R_f = 0.01\Omega$，控制器内环控制参数 $K_{pi} = 7.96$，$K_{ii} = 10006.36$，外环控制参数 $K_{po} = 0.025$，$K_{io} = 6.25$。

对于变流器 1 和 2（电流控制型），其 L 型滤波器参数 $L_{fl} = 3.33 \times 10^{-3}$H，$R_{fl} = 0.0524\Omega$，控制器参数 $K_p = 21.68$，$K_i = 12400$。负载在 0.5s 时变小，采用并联一个阻值为 $R_1 = \dfrac{1}{\dfrac{1}{R'} - \dfrac{1}{R}} =$

$\dfrac{1}{\dfrac{1}{2.3} - \dfrac{1}{3.4}}\Omega = 7.11\Omega$ 的电阻的方式。

仿真模型的拓扑结构如图 5-28 所示。

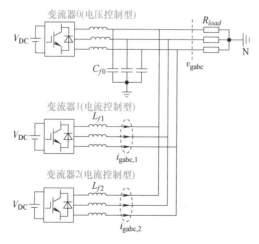

图 5-28 多台变流器仿真模型的拓扑结构

（1）基本要求

1）按照本章所述控制方法，在 PLECS 中搭建孤岛运行模式下的微网系统，采用两种不同主从控制策略时，观察不同变换器的输出电流（三相电流及 dq 分量）及母线电压。

2）计算各个变换器的输出功率，以及系统总功率。

（2）深入研究问题

在完成仿真之后，思考以下的拓展问题：

变流器 2 退出主从控制，电流给定固定为 [20，0]。这种情况下再采用两种主从控制策略进行仿真，观察和之前的仿真的不同并简要分析原因。

2. 预期结果

（1）基于负载电流的主从控制

仿真结果如图 5-29 所示，各个变流器输出三相电流及母线电压为：

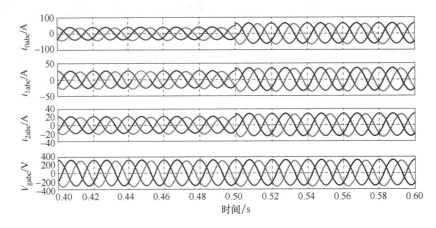

图 5-29　基于负载电流的主从控制的仿真结果

各个变流器输出三相电流相位相同，幅值大小在 0～0.5s 依次为 39.74A，30.71A，20.56A，在 0.5s 后变为 59.02A，45.32A，30.30A，与计算结果基本一致。注意到，三者之比为 4∶3∶2，这是因为三个变换器的电流是按容量比分配的。

各个变流器输出电流及负载电流 d 轴分量如图 5-30 所示。

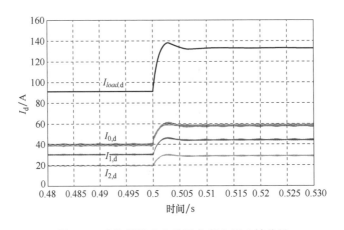

图 5-30　变换器输出电流及负载电流 d 轴分量

各变流器输出电流 dq 分量与理论结果一致。注意到三个变换器的输出电流 dq 分量之比为 4：3：2，按容量比分配。各个变换器的输出功率以及系统总功率如图 5-31 所示。

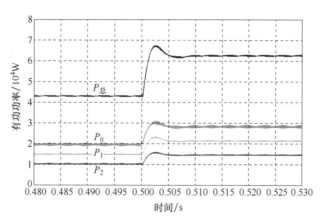

图 5-31　变换器的输出功率以及系统总功率

各变流器输出功率与理论结果一致。注意到，三个变换器的输出功率之比为 4：3：2，按容量比分配。

（2）无负载电流采样的主从控制

经过简单计算可以得到，采用无负载电流采样的控制方式的稳态输出结果与基于负载电流相同。仿真结果如图 5-32 所示。

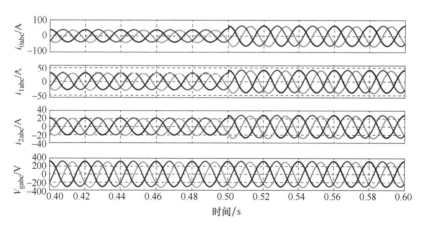

图 5-32　无负载电流采样的主从控制的仿真结果

各个变换器输出电流及负载电流 d 轴分量如图 5-33 所示。

各个变换器的输出功率以及系统总功率如图 5-34 所示。

3. 深入探讨

1）当从微源 2 的输出电流恒定时，负载变化将仅由主微源 0 和从微源 1 承担，因此 0.5s 后增加的负载增加到主微源 0 和从微源 1 上，而从微源 2 的输出功率不变。

2）当采用基于负载电流采样的主从控制时，因为从微源 2 不按负载电流作为控制输入，从微源 1 仍按负载电流作为控制输入，而主微源 0 电流为总负载电流减去这两者电流，因此两者增加的输出功率不再按容量比分配。

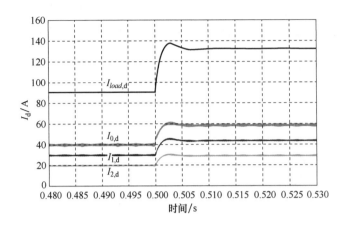

图 5-33 变换器输出电流及负载电流 d 轴分量

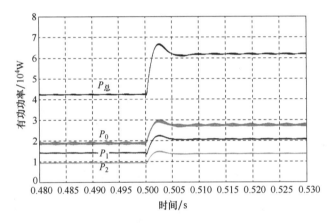

图 5-34 变换器的输出功率以及系统总功率

3）当采用基于主微源输出电流采样的主从控制时，因为从微源 2 采用的是主微源 0 输出电流作为控制输入，因此主微源 0 和从微源 1 两者增加的输出功率仍按容量比分配。

读者可以自行搭建模型仿真进行验证。

参 考 文 献

[1] HU J, SHAN Y, CHENG K W, et al. Overview of power converter control in microgrids—challenges, advances, and future trends [J]. IEEE Transactions on Power Electronics, 2022, 37 (8)：9907-9922.

[2] BROECK H VAN DER, BOEKE U. A simple method for parallel operation of inverters [C]. International Telecommunications Energy Conference, San Francisco, CA, USA, 1998：143-150.

[3] CHEN JIANN-FUH, CHU CHING-LUNG. Combination voltage-controlled and current-controlled PWM inverters for UPS parallel operation [J]. IEEE Transactions on Power Electronics, 1995, 10 (5)：547-558.

[4] PEI YUNQING, JIANG GUIBIN, YANG XU, et al. Auto-master-slave control technique of parallel inverters in distributed AC power systems and UPS [C]. IEEE 35th Annual Power Electronics Specialists Conference, Aachen, Germany, 2004, 3：2050-2053.

［5］ HATZIARGYRIOU N D. Microgrids：architectures and control ［M］. New Jersey：Wiley，2014：82-83.

［6］ AKAGI H，KANAZAWA Y，NABAE A. Instantaneous reactive power compensators comprising switching devices without energy storage components ［J］. IEEE Transactions on Industry Applications，1984，IA-20（3）：625-630.

［7］ MALINOWSKI M，JASINSKI M，KAZMIERKOWSKI M P. Simple direct power control of three-phase PWM rectifier using space-vector modulation（DPC-SVM）［J］. IEEE Transactions on Industrial Electronics，2004，51（2）：447-454.

［8］ NOGUCHI T，TOMIKI H，KONDO S，et al. Direct power control of PWM converter without power-source voltage sensors ［J］. IEEE Transactions on Industry Applications，1998，34（3）：473-479.

第6章 微电网下垂控制

主从控制能够对各个变流器进行功率分配,提高微网能够承受的负载变化范围,但是在实现过程中需要在各个变流器之间架设通信母线,硬件实现较为复杂。同时在孤岛状态时,交流母线的电压由单一的主微源塑造,一旦主微源发生故障,需要重新选取一个从微源塑造母线电压,在切换过程中,母线电压可能会产生较大的波动,控制过程复杂且可靠性差。

相较于集中控制,下垂控制(Droop Control)属于一种对等控制结构,各个变流器之间不需要通信且利用多台变流器共同支撑微电网母线电压,有利于实现分布式电源结构的灵活扩展,可以有效地解决主从控制存在的上述问题[1]。本章介绍下垂控制,其原理示意如图6-1所示。

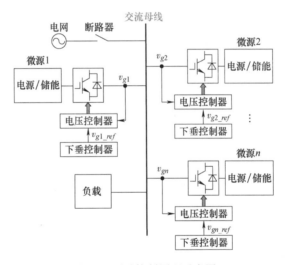

图 6-1   下垂控制原理示意图

在采用下垂控制的微电网中,各个微源通过变流器与微电网交流母线相连,下垂控制器通过对变流器进行参数设定实现功率分配[2]。具体来说,下垂控制器检测微电源出口侧的实际有功功率和无功功率,按照预先设置好的输出规则,得到变流器输出电压幅值和频率给定,模拟传统电网中发电机的有功-频率和无功-电压关系特性,实现微电网电压和频率的自动调节。在控制实现过程中,各个变流器之间不需要通信,即可实现多变流器的自适应并联,同样当负载发生波动的时候,多个并联变流器能够依据设定好的规则,按比例分担负载电流变化,实现多台变流器间功率的合理分配。

相比其他控制方式而言,下垂控制具有以下优点:控制结构较为简单,易于实现;无负载的通信系统,方便微网系统随时进行扩容;母线电压由各个变流器共同支撑,运行时较为可靠。本章从变流器与母线之间传输线的功率传输方程出发,分析影响功率传输的因素,进而推导出频率-有功、电压幅值-无功的下垂控制特性曲线,分析并验证了多个变流器在动态过程中进行功率分配的效果。

6.1 线路功率传输方程推导

6.1.1 线路的简化与电流的推导

为了充分理解下垂控制，首先对电路两端功率传输进行推导。实际的微电网中，变流器的交流侧通过架空线或电缆连接到交流母线，由于实际工程情况较为复杂，各个变流器的线路阻抗通常不能忽略，阻抗大小通常也不完全相同，所以在下垂控制中需要考虑线路阻抗对系统的影响。考虑线路的微电网结构如图 6-2 所示，线路的电阻值和电感值分别为 R_{line} 和 L_{line}，线路阻抗通常表示为 $R_{line}+\mathrm{j}\omega L_{line}$。

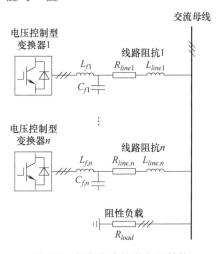

图 6-2 考虑线路的微电网结构

如图 6-3 所示，以单台电压型变流器为例，推导线路上 A、B 两点的功率传输，为了方便分析，对线路进行简化，将三相电路简化为单相电路模型，如图 6-4 所示。

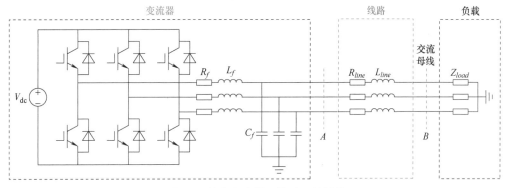

图 6-3 单台变流器及线路阻抗结构

设 A 点电压相位为 0，S 为复功率流动正方向，采用矢量图分析平均功率传输，A、B 两点之间的电流电压关系如图 6-5 所示。

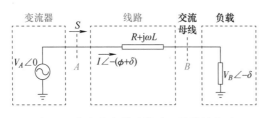

图 6-4　单台变流器及线路阻抗等效电路

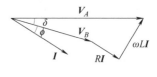

图 6-5　矢量图

根据矢量图可以得出

$$V_A = V_B(\cos\delta - j\sin\delta) + I(R + jX) \tag{6.1}$$

式中，V_A、V_B 分别为 A、B 两点电压的幅值；R 为线路电阻；X 为线路电抗，且 $X = \omega L$；I 为电流矢量。

则 A 点输出电流向量的共轭表达式如下：

$$\overset{*}{I} = \left[\frac{V_A - V_B(\cos\delta - j\sin\delta)}{R + jX}\right]^* \tag{6.2}$$

由式（6.2）可知，输出电流与线路的电阻和电抗存在耦合关系。考虑不同特性的线路，分别对式（6.2）进行简化。

6.1.2　不同电压等级下线路特性

在不同电压等级的微电网中，线路呈现的阻抗特性也会发生变化。表 6-1 为典型高压、中压、低压线路的电阻 R、电抗 X 以及阻抗比。

表 6-1　不同线路电气参数表[3]

	电阻 $R/(\Omega/\mathrm{km})$	电感 $X/(\Omega/\mathrm{km})$	阻抗比 R/X
低压线路	0.642	0.083	7.70
中压线路	0.161	0.190	0.85
高压线路	0.060	0.191	0.31

其中，电阻参数和电感参数是每千米线路的数据。阻抗比是电阻与电感参数的比值，阻抗比越大，说明电路越呈现阻性；阻抗比越小，说明线路越呈现感性。由表 6-1 可以看出，电压等级不同，线路所呈现的特性不同。同时，不同逆变器连接到电网的线路长度不同，随着线路长度变长，电路的电阻相对占阻抗比例会发生变化，所以有必要对不同的线路进行分类讨论。

6.2　感性线路下垂控制原理及下垂曲线

考虑微电网运行电压较高时，线路阻抗主要表现为感性，即 $X \gg R$，R 可忽略，式（6.2）可以近似为

$$\overset{*}{I} = \frac{V_B\sin\delta + j(V_A - V_B\cos\delta)}{X} \tag{6.3}$$

A 点输出复功率 S 为 $S = P + jQ = V_A \cdot I^*$，可得有功功率、无功功率表达式如下[4,5]：

$$\begin{cases} P = \dfrac{V_A V_B}{X}\sin\delta \\[3mm] Q = \dfrac{V_A(V_A - V_B\cos\delta)}{X} \end{cases} \tag{6.4}$$

进一步简化，当 δ 很小时，$\sin\delta \approx \delta$，$\cos\delta \approx 1$，式（6.4）可近似为

$$\begin{cases} P \approx \dfrac{V_A V_B}{X} \cdot \delta \\[3mm] Q \approx \dfrac{V_A}{X} \cdot (V_A - V_B) \end{cases} \tag{6.5}$$

微电网实际运行中，一般线路阻抗不会变，根据式（6-5），变流器输出有功功率 P 与线路两端的电压相位差 δ 成正比，输出无功功率 Q 与线路两端的电压幅值之差 $V_A - V_B$ 成正比。

根据上述线路功率传输推导，可以考虑通过控制变流器输出电压的相位和幅值来对功率进行控制与分配。感性线路条件下的下垂控制，中心思路是通过调节电压型变流器输出电压的频率和幅值，进而模拟传统同步发电机的频率特性及功率分配特性。下面将对有功功率分配和无功功率分配分别进行分析。

6.2.1 频率-有功下垂方程的推导

首先分析有功功率的分配，根据式（6.5），有功功率跟输出电压的相角成正比。但是，电力系统中电压的相位不能直接控制，一般需要通过控制电压的频率间接对相角进行调节。

基于图 6-6 所示的两台变流器的单相简化电路模型，推导频率-有功下垂方程。假设线路为感性，则变流器 1 在 A 点的输出有功和变流器 2 在 C 点的输出有功如式（6.6）所示。

$$\begin{cases} P_A \approx \dfrac{V_A V_B}{X_A}\delta_A \\[3mm] P_C \approx \dfrac{V_C V_B}{X_C}\delta_C \end{cases} \tag{6.6}$$

式中，δ_A 和 δ_C 分别为 V_A 与 V_B，V_C 与 V_B 的夹角。

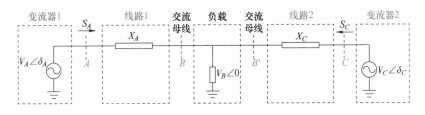

图 6-6　两台变流器的单相简化电路模型

为使两台变流器按照一定比例分配有功功率，根据输出有功与相角成正比的关系，需要满足输出有功偏大时，减小功角；输出有功偏小时，增大功角。

$$\begin{cases} P\text{ 偏大} \rightarrow \delta \downarrow \\ P\text{ 偏小} \rightarrow \delta \uparrow \end{cases}$$

因此在微网中各个变流器需将各自功角与变流器输出有功控制为反比关系，由于系统的功角无法直接控制，变流器通过控制频率间接控制功角，所以变流器控制的目标变为：控制输出电压的频率，并让输出电压的频率与有功功率成一定反比关系。

$$\omega = -k_{p\omega}P \qquad k_{p\omega} > 0 \tag{6.7}$$

在上式中加入变流器参考给定工作点——ω_0、P_0。

$$\omega - \omega_0 = -k_{p\omega}(P - P_0) \tag{6.8}$$

将角速度转化为频率，得到频率-有功下垂控制方程如式（6.9）所示，对应的下垂曲线如图6-7所示。

$$f = f_0 - k_P(P - P_0) \quad (k_P = k_{p\omega}/2\pi) \tag{6.9}$$

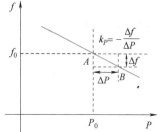

图6-7　频率-有功下垂控制曲线

频率-有功下垂方程将变流器的输出有功功率和电压频率关联在一起，同时实现了频率支撑和有功功率控制。一方面，下垂控制最终生成的频率给定信号，变流器根据给定频率塑造了输出电压的频率，为微电网母线提供了频率支撑；另一方面，变流器的输出有功功率和电压相位差有关，下垂控制通过调整频率，间接地调节了相位差，从而实现了输出有功功率的调节。

6.2.2　电压-无功下垂方程的推导

无功分配与有功分配类似，变流器1在A点输出的无功功率和变流器2在C点输出的无功功率（见图6-8）如下所示。微电网正常运行时，电压幅值和线路阻抗不会有显著变化，可将V_A/X_A和V_C/X_C视为常数。

$$\begin{cases} Q_A \approx \dfrac{V_A}{X_A}(V_A - V_B) = \dfrac{V_A}{X_A}\Delta V_A \\ Q_C \approx \dfrac{V_C}{X_C}(V_C - V_B) = \dfrac{V_C}{X_C}\Delta V_C \end{cases} \tag{6.10}$$

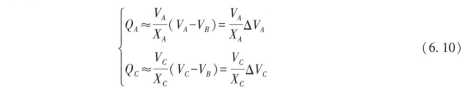
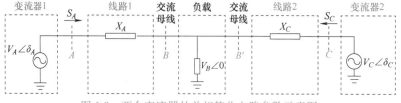

图6-8　两台变流器的单相简化电路参数示意图

为使两台变流器按照一定比例分配无功功率，根据输出无功与电压幅值成正比的关系，需要在变流器输出无功偏大时，减小电压有效值/幅值；输出无功偏小时，增大电压有效值/幅值。

$$\begin{cases} Q \ 偏大 \rightarrow V \downarrow \\ Q \ 偏小 \rightarrow V \uparrow \end{cases}$$

因此在微网中各个变流器需将各自电压幅值与变流器输出无功形成反比关系。变流器的控制目标为：控制输出电压的幅值，并让输出电压幅值与变流器输出无功功率成一定反比关系。

$$V = -k_Q Q \qquad k_Q > 0 \tag{6.11}$$

在上式中加入变流器参考给定工作点——V_0、Q_0，得到电压-无功下垂控制方程：

$$V = V_0 - k_Q(Q - Q_0) \tag{6.12}$$

将频率-有功下垂控制方程和电压-无功下垂控制方程结合得到一个完整的有功+无功下垂控制关系方程。

$$\begin{cases} f = f_0 - k_P(P - P_0) \\ V = V_0 - k_Q(Q - Q_0) \end{cases} \tag{6.13}$$

将电压幅值-无功下垂控制方程在坐标系中呈现，得到如下垂控制曲线，如图 6-9 所示。

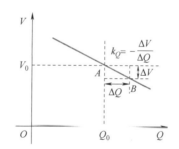

图 6-9　电压幅值-无功下垂控制曲线

电压幅值-无功下垂方程将变流器的输出无功功率和电压幅值关联在一起，同时实现了幅值支撑和无功功率控制。一方面，下垂控制最终生成的幅值给定信号，变流器根据给定幅值塑造了输出电压的幅值，为微电网母线提供了幅值支撑；另一方面，变流器的输出无功功率和电压幅值差有关，下垂控制通过调整变流器输出电压的幅值，改变了幅值差，从而实现了输出无功功率的调节。

6.2.3　下垂特性系数的选取

下垂特性曲线的斜率 k_P 和 k_Q，又叫下垂特性系数，决定变流器的输出电压特性和输出功率特性，对变流器和微电网的工作状态都有重要影响。因此为保证系统的稳定运行，需结合输出电压特性和输出功率特性指标这两项指标，设计变流器的下垂特性系数。一方面，为保证微电网母线电压的供电质量，相关标准对微电网母线电压的频率和电压幅值都有着明确标准。我国现行标准 GB/T 33593—2017《分布式电源并网技术要求》中规定了分布式电源并网时的技术指标，最基本的要求是：分布式电源并网点稳态电压在标称电压的 85%～

110%时，应能正常运行；当分布式电源并网点频率在 49.5~50.2Hz 时，分布式电源应能正常运行。表 6-2 列出了分布式电源并网时的具体频率要求，表 6-3 给出了电压保护动作时间要求，当并网点的电压超出表 6-3 所示的电压范围时，变流器应在相应的时间内停止向电网输电。

表 6-2　分布式电源的频率响应时间要求

频率范围	要求
$f<48$Hz	变流器类型分布式电源根据变流器允许运行的最低频率或电网调度机构要求而定；同步发电机类型、异步发电机类型分布式电源每次运行时间不宜少于 60s，有特殊要求时，可在满足电网安全稳定运行的前提下做适当调整
48Hz$\leq f<$49.5Hz	每次低于 49.5Hz 时要求至少能运行 10min
49.5Hz$\leq f\leq$50.2Hz	连续运行
50.2Hz$<f\leq$50.5Hz	频率高于 50.2Hz 时，分布式电源应具备降低有功输出的能力，实际运行可由电网调度机构决定；此时不允许处于停运状态的分布式电源并入电网
$f>$50.5Hz	立刻终止向电网线路送电，且不允许处于停运状态的分布式电源并网

表 6-3　分布式电源的电压保护动作要求

并网点范围	要求
$U<50\%U_N$	最大分闸时间不超过 0.2s
$50\%U_N\leq U<85\%U_N$	最大分闸时间不超过 2.0s
$85\%U_N\leq U<110\%U_N$	连续运行
$110\%U_N\leq U<135\%U_N$	最大分闸时间不超过 2.0s
$135\%U_N\leq U$	最大分闸时间不超过 0.2s

注：1. U_N 为分布式电压并网点的电网额定电压。
　　2. 最大分闸时间是指异常状态发生到电源停止向电网送电时间。

另一方面，受限于变流器自身的容量，为保证变流器的正常运行，变流器的功率不能超过变流器的容量。因此变流器下垂控制的设计需要同时保证两点：①母线电压/频率在允许范围内；②变流器输出功率不超过容量。由此可得变流器的下垂特性系数计算公式如下：

$$k_P=\left|\frac{f_0-f_{\min}}{P_0-P_{\max}}\right| \tag{6.14}$$

$$k_Q=\left|\frac{V_0-V_{\min}}{Q_0-Q_{\max}}\right| \tag{6.15}$$

式中，f_0 和 V_0 为给定的变流器频率和电压；P_0，Q_0 为变流器的给定功率，给定值参数的设定由上层控制给出；$f_{\min}$，$V_{\min}$ 为微网系统允许的最小频率和最小电压有效值；$P_{\max}$，$Q_{\max}$ 为变流器允许的最大输出有功功率和无功功率。

6.2.4　变流器下垂控制实现方法

单台变流器的下垂控制实现如下：变流器采用之前章节所述的电压控制型变流器，采用双环电压控制策略，正常运行时需要输出给定电压和进行坐标变换的相位角。而下垂控制策略则是根据电网侧实时输出的有功功率和无功功率对变流器的频率和电压给定值进行控制。

图 6-10 是下垂控制的结构示意图，图中功率计算模块根据变流器输出侧测得的电流电压计算出输出侧的实际功率，下垂控制模块输入给定的功率和电压频率参数值，根据功率模块给出的实际功率计算当前电压幅值和电压相位的参考值。电压型变流器获得给定电压参数和进行坐标变换的电压相位，即可控制输出的电压，进行功率调整。

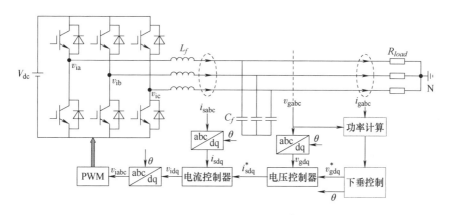

图 6-10　电压型变流器下垂控制结构示意图

需要注意的是，无功下垂控制给出的是电压幅值参考值，有功下垂控制给出频率参考值[6]，需要根据频率和相位角之间的关系，对频率进行积分即可得到坐标变换用的相位。图 6-11 展示了采用下垂控制的电压型变流器的频域框图。

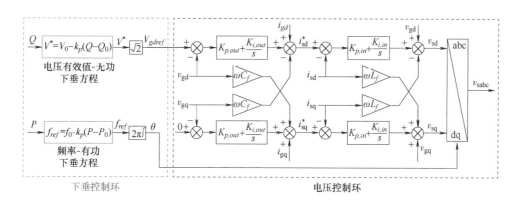

图 6-11　基于双环电压控制的下垂控制频域示意图

6.3　感性线路下垂控制的功率分配特性

对于下垂控制，其核心意义在于解决多变流器之间的无通信功率分配问题[7]。图 6-12 给出了一种双电压控制型变流器的拓扑，即为本节的讨论对象。本小节将围绕这两台变流器的有功功率和无功功率分配问题进行讨论。

如图 6-12 所示，两台电压型变流器均采用下垂控制策略，经线路阻抗后汇集，共同向负载供电。

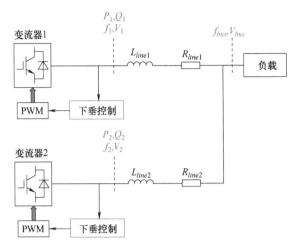

图 6-12　两台电压型变流器的供电拓扑

6.3.1　下垂控制有功功率自主分配机制

图 6-13 给出了两台变流器的频率-有功下垂曲线图，可见二者具有完全相同的下垂特性。基于下垂曲线图，本小节将先后讨论稳态及暂态时的有功功率分配机制。

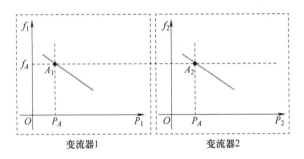

图 6-13　两台变流器的频率-有功下垂曲线

1. 稳态时的有功功率分配

如图 6-13 所示，初始时两台变流器分别工作在 A_1 和 A_2 点。由于微电网系统中各节点的基波频率相同，即 $f_1 = f_2$，且两台变流器有相同的下垂曲线，所以两台变流器输出的有功功率相同。如果阻性负载加重，则两台变流器需要输出更多的有功功率。根据下垂曲线可知，有功功率增加意味着频率下降，则稳态工作点向右下方移动。由于下垂特性完全一致，两台变流器均分有功功率增量负荷。

2. 暂态过程中的有功功率分配

图 6-14 给出了图 6-12 中供电拓扑的单相简化电路示意图。假设线路基频阻抗中感性部分占主导地位，则阻性部分可忽略。对于稳态情况而言，由于两台变流器具有相同的下垂特性，因此可知其稳态输出功率是一致的。本节将着重讨论达到稳态点之前的暂态过程功率分配。

如图 6-14 所示，变流器 1 等效为相位是 δ_1 且幅值是 V_1 的电压源；变流器 2 等效为相位是 δ_2 且幅值是 V_2 的电压源；负载电压幅值是 V_{bus}，相位是 δ_{bus}。由于线路阻抗是纯感性的，

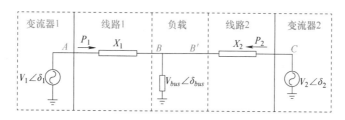

图 6-14　两台变流器的单相简化电路示意图

因此 A 点（C 点）的有功功率与 B 点（B' 点）的有功功率相同。此外，两台变流器的输出有功功率受相位差影响，且二者之和等于负载消耗的有功功率。

基于图 6-14 及前文推导的频率-有功下垂方程，可以画出针对有功功率的下垂控制框图，如图 6-15 所示。

假设当负载变化时，负载增加的有功功率全部由变流器 1 提供，即变流器 1 实际输出功率更大（$P_1 > P_2$）。此时，变流器 1 工作在了 A_1 点，而变流器 2 工作在 A_2 点，如图 6-16 所示。显然，由于变流器 1 的有功功率更大，下垂控制器会降低变流器 1 的基波频率 f_1，而变流器 2 的基波频率维持较高。

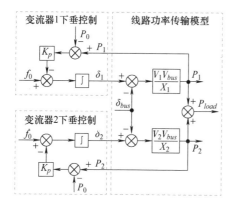

图 6-15　针对有功功率的下垂控制框图

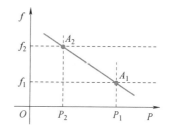

图 6-16　两台变流器的
频率-有功暂态工作点

从图 6-15 中可以看出，若变流器 1 的频率降低，则积分后的相位 δ_1 变小。根据式（6-5）所示线路有功传输方程，可知 P_1 会减小，如下式：

$$P_1 = \frac{V_1 V_{bus}}{X}(\delta_1 - \delta_{bus}) \xrightarrow{\delta_1 \downarrow} P_1 \downarrow$$

又由于 P_1 的减小，根据变流器的下垂控制原理，变流器的频率 f_1 会回升一部分，如下所示：

$$f_1 = f_0 - k_P(P_1 - P_0) \xrightarrow{P_1 \downarrow} f_1 \uparrow$$

上述两个式子说明，在暂态过程中，若变流器 1 在初始时承担了过量的有功功率负荷，会自适应地调整频率和输出有功。

另一方面，由于变流器 1 的基波频率降低，导致负载处电压的基波频率也降低，这意味着变流器 2 相对于负载的相位超前加大。而相位超前加大，根据式（6-5）所示线路有功传输方程，会使变流器 2 输出更多的有功功率，如下所示：

$$P_2 = \frac{V_2 V_{bus}}{X}(\delta_2 - \delta_{bus}) \xrightarrow{\delta_{bus}\downarrow} P_2 \uparrow$$

相应的，由于变流器 2 输出有功增加，根据变流器的下垂控制原理，变流器的频率会降低，如下：

$$f_2 = f_0 - k_P(P_2 - P_0) \xrightarrow{P_2 \uparrow} f_2 \downarrow$$

至此，变流器 2 的输出有功增加、频率降低，逐渐逼近变流器 1 的工作点。以上分析说明，暂态过程中虽然可能出现有功功率分配不均的现象，但是该现象会被下垂控制策略抑制，并最终实现均匀分配。

如图 6-17 所示，两台变流器最终达到了新的稳态点 A_3，并具有一致的基波频率和有功输出功率。

图 6-18 给出了有功负荷突增时两台下垂控制变流器的暂态波形，如图所示，初始时，两台变流器具有一致的基波频率和输出有功功率。在 0.3s 时候，负载激增，此时变流器 1 响应速度快，短暂承担了较多的有功功率，这也导致其基波频率下跌至 49.8Hz 以下；而变流器 2 响应较慢，短暂承担较少的有功功率，基波频率下降幅度明显小于变流器 1。但是最终两台变流器达到了新的稳态点，平均分摊了增加的有功负荷，并具有低于初始值且相互一致的基波频率。

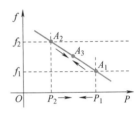

图 6-17 频率-有功工作点的动态调整过程

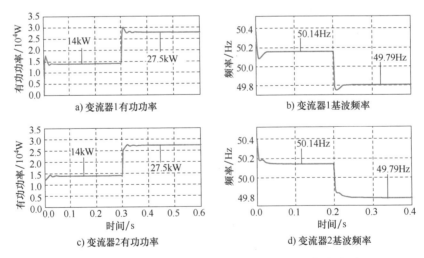

图 6-18 有功负荷突增时两台下垂控制变流器的暂态波形

6.3.2 下垂控制无功功率自主分配机制

无功功率分配特性与有功功率分配特性类似，二者的主要区别在于：与有功功率相关的基波频率在微电网各节点上是一致的，但是与无功功率相关的基波电压幅值在微电网各节点上可以不相同。这意味着，即使两台变流器具有完全相同的下垂特性，但是其稳态工作点可以是不同的，如图 6-19 所示。

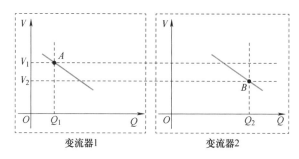

图 6-19　两台变流器的电压-无功下垂曲线

对于采用下垂控制的变流器，其输出电压-无功下垂方程如下：

$$V = V_0 - k_Q(Q - Q_0) \tag{6.16}$$

以单台变流器为例（见图 6-20），其输出无功与电压幅值的关系可以写为

$$Q_1 = \frac{V_1}{X}(V_1 - V_{bus}) \tag{6.17}$$

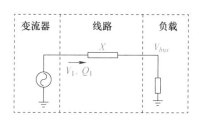

图 6-20　单台变流器结构图

1. 稳态时的无功功率分配

图 6-21 给出了两台变流器并联的结构示意图，即为本节的讨论对象。

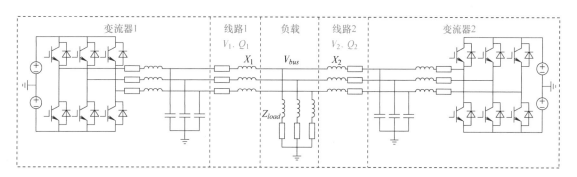

图 6-21　两台变流器并联的结构示意图

将式 6.17 代入到电压-无功下垂特性方程中（此处默认 $Q_0 = 0$，对结论无影响），并消除电压 V_1，可得下式

$$
\begin{cases} V_1 = V_0 - k_Q Q_1 \\ Q_1 = \dfrac{V_1}{X}(V_1 - V_{bus}) \end{cases} \rightarrow V_{bus} = V_0 - Q_1\left(k_Q + \dfrac{X_1}{V_0 - k_Q Q_1}\right) \tag{6.18}
$$

假设微电网中两台变流器的下垂曲线相同，而线路阻抗不同，则两台变流器的输出无功与母线电压 V_{bus} 的关系分别为

$$
\begin{cases} V_{bus} = V_0 - Q_1\left(k_Q + \dfrac{X_1}{V_0 - k_Q Q_1}\right) \\[2ex] V_{bus} = V_0 - Q_2\left(k_Q + \dfrac{X_2}{V_0 - k_Q Q_2}\right) \end{cases} \tag{6.19}
$$

由于微电网母线电压必然相等，由此可解得两台变流器输出无功的关系如下：

$$
V_0 - Q_1\left(k_Q + \dfrac{X_1}{V_0 - k_Q Q_1}\right) = V_0 - Q_2\left(k_Q + \dfrac{X_2}{V_0 - k_Q Q_2}\right)
$$

$$
\Rightarrow Q_1\left(k_Q + \dfrac{X_1}{V_0 - k_Q Q_1}\right) = Q_2\left(k_Q + \dfrac{X_2}{V_0 - k_Q Q_2}\right) \tag{6.20}
$$

可以看出，两台变流器的无功分配除了和各自下垂系数 k_Q 有关，还和各自线路阻抗 X 有关，这是与有功分配的差异点。

2. 暂态过程中的无功功率分配

暂态过程中的无功调节机制与有功功率调节机制类似。为简化分析，假设两台变流器的下垂系数和线路阻抗都相同。

如图 6-22 所示，在暂态过程中，两台变流器的初始工作点均为 A_2 点。若变流器 1 在暂态过程中承担更多的无功功率负荷，即 $Q_1 > Q_2$，则变流器 1 的工作点移动到 A_1 点。从图 6-22 中可以直观看出，变流器 1 的输出电压 V_1 会比变流器 2 的输出电压 V_2 低。

$$
\begin{cases} V_1 = V_0 - k_Q(Q_1 - Q_0) \\ V_2 = V_0 - k_Q(Q_2 - Q_0) \end{cases} \xrightarrow{\quad Q_1 > Q_2 \quad} V_1 < V_2
$$

此时，由于变流器 1 的电压较低，则其无功功率输出会减小；同时，变流器 2 的电压较高，其无功功率输出会增大，如下所示：

$$
\begin{cases} Q_1 = \dfrac{V_1}{X}(V_1 - V_{bus}) \\[2ex] Q_2 = \dfrac{V_2}{X}(V_2 - V_{bus}) \end{cases} \xrightarrow[\dfrac{V_1}{X} \approx \dfrac{V_2}{X} \quad V_1 - V_{bus} < V_2 - V_{bus}]{} Q_2 \uparrow, Q_1 \downarrow
$$

按照上述分析可知，变流器 1 短暂承担更多的无功功率负荷，会导致其电压下降；而电压下降后，其输出的无功功率就会降低。这是一种负反馈机制，如下所示：

$$
Q_1 > Q_2 \xrightarrow{\text{下垂曲线}} V_1 < V_2 \xrightarrow{\text{功率电压关系}} Q_1 \downarrow, \ Q_2 \uparrow \longrightarrow Q_1 = Q_2
$$

最终，两台变流器会趋向于同一个工作点，共同承担无功功率负荷，如图 6-23 所示。需要说明的是，图 6-23 描述的是同变流器参数、同线路阻抗的情况，故两台变流器的工作点重合。

图 6-24 给出了无功负荷突增时两台下垂控制变流器的暂态波形。两台变流器参数一致，线路阻抗不一致。由图 6-24 可知，由于线路阻抗不同，稳态时不同变流器输出的无功和电

压均不同。在暂态时，不同的变流器存在不同的响应速度，但是最终会达到新的平衡工作点，两台变流器因线路阻抗差异，工作点不一定相同。

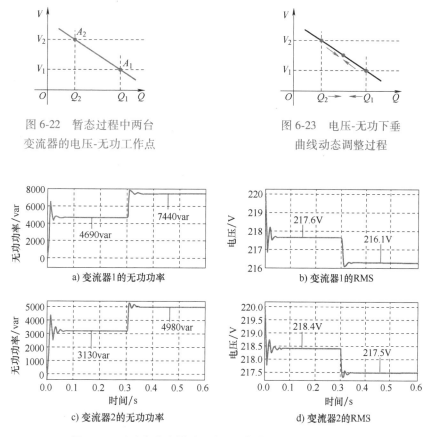

图 6-22　暂态过程中两台变流器的电压-无功工作点

图 6-23　电压-无功下垂曲线动态调整过程

a) 变流器1的无功功率　b) 变流器1的RMS

c) 变流器2的无功功率　d) 变流器2的RMS

图 6-24　无功负荷突增时两台下垂控制变流器的暂态波形

6.4　阻性线路中的下垂控制

6.4.1　阻性线路下的下垂控制原理

我们考虑运行电压较低的低压微电网，线路阻抗主要表现为阻性，且 $R \gg X$。R 起主要作用，X 可以忽略，因此式（6-2）可以简写为

$$\overset{*}{\boldsymbol{I}}=\frac{V_A-V_B\cos\delta-\mathrm{j}V_B\sin\delta}{R} \tag{6.21}$$

因此，变流器的输出功率变为

$$\begin{cases} P=\dfrac{(V_A-V_B\cos\delta)V_A}{R} \\ Q=-\dfrac{V_AV_B\sin\delta}{R} \end{cases} \tag{6.22}$$

进一步简化，当 δ 很小时，$\sin\delta\approx\delta$，$\cos\delta\approx1$，式（6-22）可近似为

$$\begin{cases} P\approx\dfrac{V_A}{R}(V_A-V_B) \\[2mm] Q\approx-\dfrac{V_A V_B}{R}\delta \end{cases} \tag{6.23}$$

微电网实际运行中，一般线路阻抗不会改变，根据式（6-23），变流器输出有功功率由线路两端的电压幅值差 V_A-V_B 决定，输出无功功率与线路两端的电压相位差 δ 成正比。根据上述线路功率传输推导，可以考虑通过控制变流器输出电压的相位和幅值来对功率进行控制与分配。根据前文提到的有功功率、无功功率和电压幅值差、相位差之间的关系提出新的下垂控制方程为

$$\begin{cases} f=f_0+k_Q(Q-Q_0) \\[1mm] V=V_0-k_P(P-P_0) \end{cases} \tag{6.24}$$

将频率-无功、电压幅值-有功下垂控制方程在坐标系中呈现，得到如下频率-无功和电压幅值-有功下垂控制曲线，如图 6-25 所示。

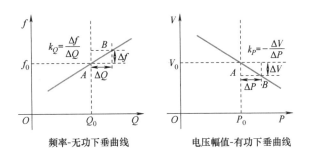

图 6-25　阻性线路下的下垂控制曲线

容易发现，图 6-25 所示的阻性线路下低压微电网下垂控制与图 6-9 所示的感性线路微电网下垂控制存在显著区别。有功、无功和频率、幅值的对应关系发生了变化；感性时有功主要与电压相角差有关、无功主要与幅值差有关，而阻性时有功主要与电压幅值差有关、无功主要与相角差有关；此外，频率-无功下垂曲线的斜率为正，这是由于式（6-23）中阻性线路无功功率传输方程增益为负造成的，为了维持下垂控制的负反馈自稳定性，需要使用正下垂系数。

6.4.2　阻性线路下的下垂控制功率分配特性

以两台电压型变流器为例，假设两台变流器有相同的频率-无功下垂曲线和相同的线路阻抗。在稳态和动态条件下，分别进行讨论。

1. 稳态时下垂控制的无功功率分配

稳定状态时，图 6-26 是两台变流器的下垂曲线图。初始状态下，两台变流器分别工作在 A_1 和 A_2 点，因为微电网系统所有节点的基波频率相同（$f_1=f_2=f_A$），所以两台变流器输出的无功功率相同；又因为两台变流器有相同的下垂曲线，所以当需要加大无功输出的时候，两个变流器将会均分多余的无功输出，仍然保持相同的电压频率和无功输出。

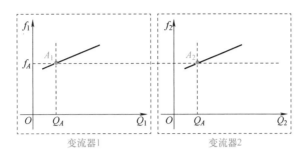

图 6-26　两台变流器的频率-无功下垂曲线

2. 动态过程中下垂控制的无功功率分配

图 6-27 给出了图 6-12 中供电拓扑在线路阻抗为阻性时的单相简化电路示意图。假设线路阻抗中阻性部分占主导地位，则感性部分可忽略。

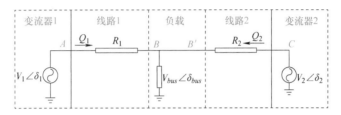

图 6-27　两台变流器的单相简化电路示意图

如图 6-27 所示，变流器 1 等效为相位是 δ_1 且幅值是 V_1 的电压源；变流器 2 等效为相位是 δ_2 且幅值是 V_2 的电压源；负载电压幅值是 V_{bus}，相位是 δ_{bus}。由于线路阻抗是纯阻性的，因此 A 点（C 点）的无功功率与 B 点（B' 点）的无功功率相同。此外，两台变流器的输出无功功率受相位差影响，且二者之和等于负载消耗的无功功率。

基于图 6-27 及前文推导的频率-无功下垂方程，可以画出针对无功功率的下垂控制框图，如图 6-28 所示。

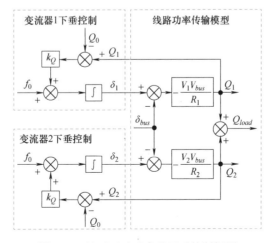

图 6-28　针对无功功率的下垂控制框图

101

在动态过程中，起始两台变流器都工作在 A_2 点，假设变流器 1 在动态过程中实际输出功率更大（$Q_1>Q_2$），工作在了 A_1 点，变流器 2 仍工作在 A_2 点，在同一条下垂曲线上标注两台变流器的工作点，如图 6-29 所示。因为两台变流器下垂曲线相同，下垂控制模块会根据实际输出的无功功率来给出电压型变流器的电压频率，结果就是变流器 1 的输出频率 f_1 会比变流器 2 的输出频率 f_2 大。

$$\begin{cases} f_1 = f_0 + k_Q(Q_1 - Q_0) \\ f_2 = f_0 + k_Q(Q_2 - Q_0) \end{cases} \xrightarrow{Q_1 > Q_2} f_1 > f_2$$

之后再根据线路功率传输方程中功角与无功功率的关系，在线路参数确定之后，无论线路的阻抗大小，更大的频率 f_1 会使输出无功 Q_1 减小，同样的变流器 2 相对于变流器 1 的频率较小，由于线路传输特性，会造成变流器 2 输出的无功 Q_2 增大。工作点的变化如图 6-30 所示。

$$\begin{cases} Q_1 = -\dfrac{V_1 V_{bus}}{R} \int 2\pi(f_1 - f_{bus})\,\mathrm{d}t \\ Q_2 = -\dfrac{V_2 V_{bus}}{R} \int 2\pi(f_2 - f_{bus})\,\mathrm{d}t \end{cases} \xrightarrow{f_1 > f_2} Q_2 \uparrow, Q_1 \downarrow$$

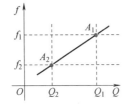

图 6-29　频率-无功下垂曲线

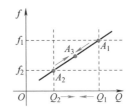

图 6-30　频率-无功下垂
曲线动态调整过程

可以看到，按照下垂曲线运行的两台变流器，无功功率和频率变化关系呈现负反馈特性。两台变流器的工作点逐渐向中点靠近，最终达到新的频率和功率平衡工作点（下垂曲线上新的 f-Q 点）

$$Q_1 > Q_2 \xrightarrow{\text{下垂曲线}} f_1 > f_2 \xrightarrow{\text{功率电压关系}} Q_1 \downarrow, Q_2 \uparrow \longrightarrow Q_1 = Q_2$$

由于阻性线路有功功率传输公式与感性线路无功功率传输公式形式相似，且下垂系数均为负斜率特性，因此阻性线路下垂控制中有功功率的分配与感性线路中无功功率的分配原理类似，感兴趣的读者可以自行推导。

6.5　仿真任务：多台电压控制型变流器的下垂控制设计

1. 任务及条件描述

根据微电网的下垂控制，图 6-31 的仿真结构图和表 6.4 的仿真参数，在 PLECS 中完成多台电压控制型变流器的下垂控制设计。

（1）基本要求

1）根据给出参数，计算两台变流器的下垂方程及 k_P，k_Q。

2）在 PLECS 中搭建孤岛运行模式下的微网系统，观察两个变流器的输出电流（三相电流及 dq 电流）、输出功率及母线电压，分析变流器输出功率与下垂曲线、线路阻抗的关系。

3）简要画出两台变流器输出电压、输出电流、负载电压、负载电流之间的矢量图，并结合下垂曲线图对系统进行分析，解释下垂曲线、线路阻抗、频率、电压幅值和功率分配之间的关系。

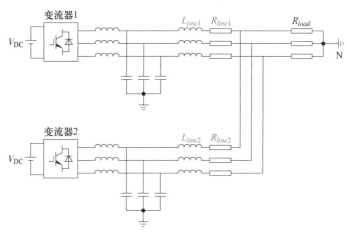

图 6-31　仿真结构图

（2）仿真参数（见表 6.4）

表 6.4　仿真参数

直流电压源	800V
负载 R_{load}	1s 前为 6Ω，1s 时变为 4Ω
交流电压频率	50Hz
开关频率	20kHz
仿真时长	2s，变步长
变流器给定功率	给定 P_0：5 kW，给定 Q_0：0var
变流器给定电压幅值	$V_0 = 311V$，$V_{min} = 300V$
变流器给定频率	$f_0 = 50Hz$，$f_{min} = 49.7Hz$
变流器 1 最大功率	最大有功 $P_{1max} = 20kW$，最大无功 $Q_{1max} = 20kvar$
变流器 2 最大功率	最大有功 $P_{2max} = 20kW$，最大无功 $Q_{2max} = 20kvar$
线路阻抗	$R_{line1} = 0.9Ω$，$L_{line1} = 5mH$，$R_{line2} = 0.9Ω$，$L_{line2} = 5mH$

2. 预期结果

（1）参数设计及推导过程

$$k_P = \left| \frac{f_0 - f_{min}}{P_0 - P_{max}} \right| = \left| \frac{50 - 49.7}{5000 - 20000} \right| = 0.00002 \tag{6.25}$$

$$k_Q = \left| \frac{V_0 - V_{\min}}{Q_0 - Q_{\max}} \right| = \left| \frac{311-300}{0-20000} \right| = 0.00055 \tag{6.26}$$

式中，f_0 和 V_0 为给定的变流器频率和电压；P_0，Q_0 为变流器的给定功率，给定值参数的设定由题目给出；$f_{\min}$，$V_{\min}$ 为微网系统允许的最小频率和最小电压幅值；$P_{\max}$，$Q_{\max}$ 为变流器允许的最大输出有功功率和无功功率，均由题目条件给出。

由于两台变流器的参数完全一致，所以下垂特性系数也相同。

（2）仿真电路图

在 PLECS 中搭建孤岛运行模式下的微网系统，观察两个变流器的输出电流（三相电流及 dq 电流）、输出功率及母线电压，分析变流器输出功率与下垂曲线、线路阻抗的关系。

系统主要由两台电压控制型变流器组成，变流器经过传输线路接入到电网中，下垂控制器获取变流器输入到电网的功率数据，控制电压型变流器的电压幅值和相角，负载使用可变电阻进行模拟，以达到观察系统动态功率分配过程的目的。

仿真结果如图 6-32 所示。

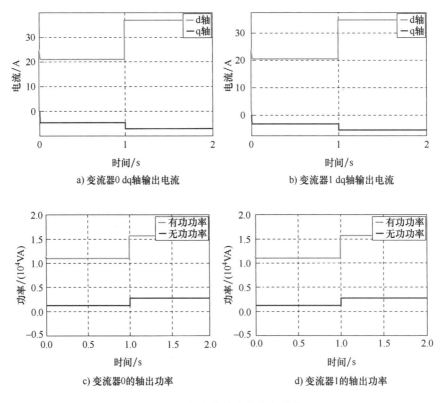

图 6-32　变流器输出电流和功率

由图 6-32 曲线可以看出，由于具有相同的下垂曲线，变流器 0 和变流器 1 输出电流和功率完全相同。

当电阻变小时，有功功率增加，此时，根据有功+无功下垂控制关系方程有

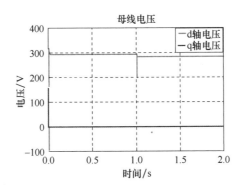

图 6-33　母线电压

$$\begin{cases} f=f_0-k_P(P-P_0) \\ V=V_0-k_Q(Q-Q_0) \end{cases} \tag{6.27}$$

　　有功功率由 11046W 变化到 15560W，所以频率相应地下降，从 49.879Hz 变化到 49.786Hz，符合方程。

　　无功功率由 1340var 变化为 2753.6var，所以机端电压幅值相应下降，由 311.263V 变为 309.485V。相应的母线电压幅值也会下降，因为线路阻抗相同的缘故，两个变流器的电压变化相同。

　　根据之前的数据，两台变流器在 1s 之前的输出电压幅值为 310.42V，输出电流为 $(23.7-2.88j)A$。在 1s 之前，负载电压为 286.51V，负载电流为 47.75A；1s 时负载由 4Ω 变为 6Ω。在 1s 之后，两台变流器的输出电压幅值 309.65V，输出电流为 $(33.73-5.93j)A$。负载电压为 273.99V，负载电流为 68.5A。

　　因为本例中两个变流器的下垂特性相同，并且线路阻抗也相同，所以负载减小时，变流器输出功率增加，根据下垂特性，频率相应地减少；输出电流增大，并且滞后电压的角度变大，所以无功功率增加，根据下垂特性，输出电压相应降低。两台变流器电流电压相同，功率分配也相同。

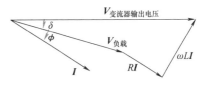

两台变流器电压电流相同

图 6-34　矢量图

3. 拓展任务

　　上述仿真实例中，线路的阻抗和两台变流器的下垂曲线完全相同，请尝试在其他参数不变的情况下，将线路的阻抗参数和变流器的下垂曲线更改为以下参数：

　　变流器 1 最大有功 $P_{1max}=20\text{kW}$，最大无功 $Q_{1max}=20\text{kvar}$，

　　变流器 2 最大有功 $P_{2max}=15\text{kW}$，最大无功 $Q_{2max}=15\text{kvar}$，

　　线路阻抗：$R_{lineA}=0.9\Omega$，$L_{lineA}=5\text{mH}$，$R_{lineB}=0.8\Omega$，$L_{lineB}=4\text{mH}$。

　　再次观察两个变流器的输出电流（三相电流及 dq 电流）、输出功率及母线电压，分析变流器输出功率与下垂曲线、线路阻抗的关系。简要画出两台变流器输出电压、输出电流、负载电压、负载电流之间的矢量图，并结合下垂曲线图对系统进行分析，解释下垂曲线、线路阻抗和功率分配之间的关系。

参考结果如下：

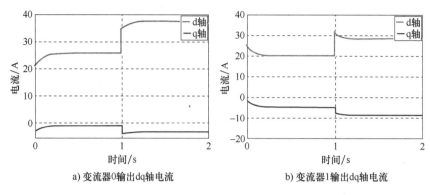

图 6-35　变流器输出电流

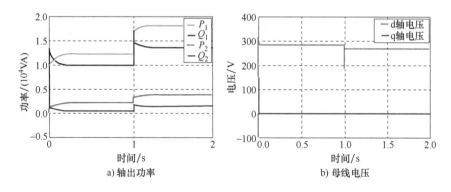

图 6-36　变流器输出功率

由以上曲线可以看出，由于下垂曲线和线路阻抗不同，变流器 0 和变流器 1 输出电流和功率不同。当电阻变小时，有功功率增加，此时，根据有功+无功下垂控制关系方程式（6-27）可画出如下动态控制过程图。

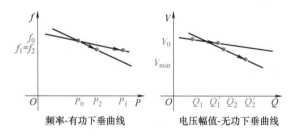

图 6-37　下垂控制动态控制过程

变流器 0 的有功功率由 12354W 变化到 18062W，所以频率相应的下降。无功功率由524var 变化为 1562var，所以机端电压相应的下降，相应的母线电压也会下降。

变流器 1 的有功功率由 9903W 变化到 13708W，所以频率相应地下降。无功功率由2018var 变化为 3767var，所以机端电压相应的下降，相应的母线电压也会下降。

因为频率全网处处相等，但是两个变流器的有功下垂系数不同，所以变流器 0 和变流器 1 的有功功率变化不同。因为 V_{bus} 相同，无功电流增大，无功功率增大，根据下垂特性，电压相应减小，受线路阻抗影响以及无功下垂系数不同的影响，两台变流器不能均分无功。

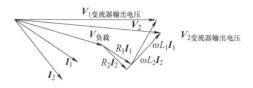

图 6-38　矢量图

绘制运行曲线如下图所示，因系统频率需要一致，所以稳态时，两台变流器频率相同，但有功功率不同；因为系统受线路阻抗以及 k_Q 不同的影响，两台变流器电压不同，并且无功功率也不同。

参 考 文 献

［1］GUERRERO J M, VASQUEZ J C, MATAS J, et al. Hierarchical control of droop-controlled AC and DC micro-grids—a general approach toward standardization ［J］. IEEE Transactions on Industrial Electronics, 2011, 58 (1): 158-172.

［2］BRABANDERE K DE, BOLSENS B, KEYBUS J VAN DEN, et al. A voltage and frequency droop control method for parallel inverters ［J］. IEEE Transactions on Power Electronics, 2007, 22 (4): 1107-1115.

［3］张庆海，彭楚武，陈燕东，等. 一种微电网多逆变器并联运行控制策略 ［J］. 中国电机工程学报，2012，32 (25): 126-132.

［4］李光琦. 电力系统暂态分析 ［M］. 北京：中国电力出版社，2007.

［5］ROCABERT J, LUNA A, BLAABJERG F, et al. Control of power converters in AC microgrids ［J］. IEEE Transactions on Power Electronics, 2012, 27 (11): 4734-4749.

［6］王成山，李琰，彭克. 分布式电源并网逆变器典型控制方法综述 ［J］. 电力系统及其自动化学报，2012，24 (02): 12-20.

［7］OLIVARES D E, MEHRIZI-SANI A, ETEMADI A H, et al. Trends in microgrid control ［J］. IEEE Transactions on Smart Grid, 2014, 5 (4): 1905-1919.

第7章 微电网二次控制

7.1 微电网分层控制策略

7.1.1 分层控制策略概述

微电网中逆变器常见的控制方法有恒功率控制（PQ 控制）、恒电压/恒频率控制（V/f 控制）以及下垂控制等。但这三种控制方法均有不足之处，PQ 控制只适用于连接大电网或并网型微电网；V/f 控制只适用于孤岛型微电网；下垂控制虽然既能适用于并网运行工况，又能适用于离网运行工况，但其属于有差调节，由于 $P\text{-}f$ 下垂特性，各分布式电源（DG）在实际工作点的输出频率往往偏离工频 50Hz，可能导致电能质量差和失步，引发并离网切换失败等问题；且由于 DG 到并网点的距离及网络结构的差异，存在 DG 输出的无功功率无法按容量比例分配、电压偏离额定值等问题。

为解决上述问题，需采用一定措施补偿下垂控制中因变流器输出功率变化而引起的母线电压幅值和频率的偏移。在传统电力系统中，分层控制策略被广泛用于协调控制各机组、电厂出力，实现快速、准确和经济的能量管理和调度，因此微电网可以采用类似的分层控制策略协调控制各 DG 出力，从而更好地保障电能质量以及运行稳定性。因此，分层控制的概念被引入微电网控制[1]。微电网的分层控制策略将微电网控制系统主要分为三个不同层级，每个层级承担不同的控制功能，其控制结构如图 7-1 所示。

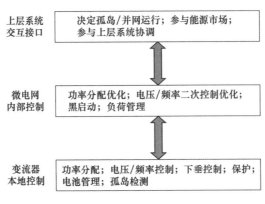

图 7-1　微电网分层控制结构图

微电网分层控制结构最底层为变流器本地控制层，即每台变流器的独立控制，包括功率分配、电压/频率控制、下垂控制等，能够维持微电网的输出电压、电流和频率的稳定，并实现功率按容量分配；同时也包括保护、电池管理和孤岛检测等分布式控制。

第二层微电网内部控制层包括功率分配优化、电压/频率二次控制优化、黑启动、负荷管理等功能。其中，二次控制常与下垂控制配合使用，通过采集输出电压、电流和频率等信息，整合计算后将得到的调整信号下达到变流器控制层，补偿变流器层控制的输出误差，以实现更高的母线电流、电压质量，更准确的功率分配以及更快的响应速度。

最顶层的微电网与上层系统交互接口用于参与能源市场和上层系统协调，决定整个微电网的运行模式，能够优化能源利用效率，实现更高的经济效益。

7.1.2　二次控制的目标与分类

微电网采用下垂控制可以实现无需通信母线的电压、频率自动稳定和微源输出功率按容量等比例分配，提高了微电网运行可靠性。然而由于下垂控制的有差调节特性，稳定工作点处电压幅值和频率可能偏移额定，且会随负荷波动而动态变化，这会导致供电质量下降；另一方面，由于各微源到母线距离与网络结构的不同，无功功率难以按照容量分配。因此，二次控制的主要目标是通过向各微源下发补偿校正信号调整下垂曲线或输出功率给定，抵消因微源输出功率变化引起的母线电压幅值和频率偏移，重新分配微电网内的有功与无功功率，保证微电网电能质量和稳定可靠运行。

根据处理数据的方式不同，二次控制可分为集中式和分布式。集中式二次控制通过微电网中央控制器（Microgrid Center Controller，MGCC）对电网工作状态信息进行收集处理与整合计算，并向各变流器发送控制指令；分布式二次控制不需要中央控制器，通过在各变流器设置本地控制器，计算得到该变流器的下垂控制补偿信号。集中式二次控制策略的全局优化程度高，但是通信母线的传输压力大，且对 MGCC 的性能和稳定性要求高，系统扩展性也受到限制；分布式二次控制策略通信母线所需带宽低，便于对系统结构进行扩展，但是难以实现全局优化。

根据补偿校正信号作用的环节不同，二次控制可分为电压幅值校正、频率校正和功率分配校正。电压幅值校正通过平移电压幅值-无功下垂曲线，使变流器在实际输出无功功率不等于给定无功时，输出电压幅值仍为给定电压 V_0；频率校正通过平移频率-有功下垂曲线，使变流器在实际输出有功功率不等于给定有功时，输出频率仍为给定频率 f_0；功率分配校正根据各变流器的有功或无功容量之比计算给定信号值，使得实际输出有功或无功功率按容量比分配。

7.2　用于电压幅值和频率校正的集中式二次控制

7.2.1　下垂控制中的电压幅值和频率偏差问题

下面将以一孤岛微电网为例分析下垂控制固有的电压幅值和频率偏差问题。为简化分析，本小节仅研究单台变流器带载的孤岛微电网拓扑，如图 7-2 所示。变流器与负载 Z_{load} 在 B 点处相连，并承担其有功功率 P_{load} 和无功功率 Q_{load}。当负载变化时，变流器的有功功率输出与无功功率输出随之变化。

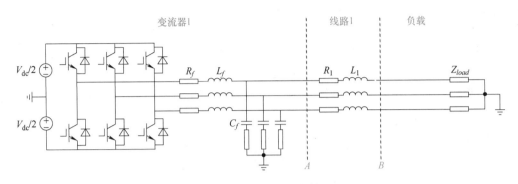

图 7-2 孤岛微电网拓扑

变流器的下垂控制曲线如图 7-3 所示，当负载变化时，变流器实际输出有功功率 P_B、无功功率 Q_B 会偏离给定值 P_0、Q_0。由图 7-3 可知，若按照下垂曲线运行，变流器实际输出频率 f_B、电压幅值 V_B 也会偏离给定值 f_0、V_0，这意味着微网母线电压的幅值和频率偏离给定，与高质量供电的实际需求相悖。

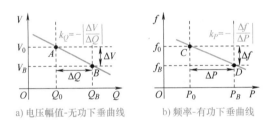

a) 电压幅值-无功下垂曲线   b) 频率-有功下垂曲线

图 7-3 下垂控制曲线

在由单台变流器构成的孤岛微电网系统中，定义其有功给定为 5000W，无功给定为 0var，频率给定为 50Hz，电压幅值给定为 311V。在接入负载时，测得变流器实际输出有功功率、无功功率、频率及输出电压见表 7-1，仿真结果如图 7-4 所示。

表 7-1 下垂控制结果

	有功功率/W	无功功率/var	频率/Hz	输出电压/V
变流器 1 输出	11050	1342	49.88	310.26
给定值	5000	0	50.00	311

从仿真结果可见，由于接入负载后变流器的实际输出功率偏离给定值，这导致其输出电压的幅值和频率也偏离给定值。

此外，由于变流器的下垂控制塑造的是变流器输出处电压，即孤岛微电网拓扑中 A 点处电压，在考虑输电线路阻抗时，负载处母线电压会低于变流器塑造的电压值。仿真结果显示负载处母线电压为 286.54V（见图 7-5）。

因此，针对下垂控制中的电压幅值和频率偏差问题，需要通过二次控制进行补偿校正。

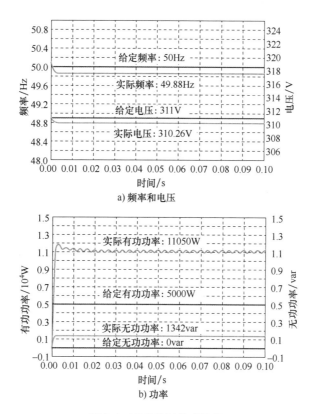

a) 频率和电压

b) 功率

图 7-4 下垂控制仿真结果

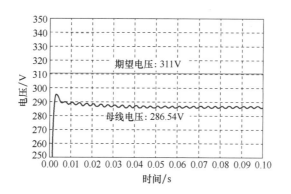

图 7-5 下垂控制电压降落

7.2.2 电压幅值和频率校正的集中式二次控制结构

在下垂控制的基础上，采用集中式二次控制，通过平移下垂曲线可以实现电压幅值和频率的补偿校正。如图 7-6 所示，L_1 和 L_3 分别为频率-有功和电压幅值-无功的初始下垂曲线，其中 A 点和 D 点为给定工作点，下垂曲线可表示为

$$\begin{cases} f=f_0-k_p(P-P_0) \\ V=V_0-k_Q(Q-Q_0) \end{cases} \tag{7.1}$$

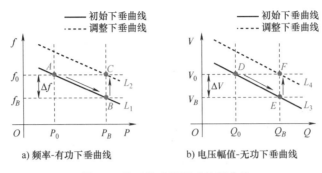

a) 频率-有功下垂曲线　　　　　b) 电压幅值-无功下垂曲线

图 7-6　修正前后的下垂控制曲线

当变流器输出有功变为 P_B 时，变流器工作点从 A 点移动至 B 点，实际工作频率不再等于给定频率 f_0。在变流器稳态运行时，为保证源荷平衡，输出有功功率一般不宜改变。因此，为了让变流器工作频率回到额定，可平移变流器的频率-有功下垂曲线，使工作点从 B 点移动到 C 点，此时变流器的输出有功不变，但是频率回到了给定频率 f_0。

电压幅值-无功下垂曲线与频率-有功下垂曲线类似，当变流器输出无功变为 Q_B 时，变流器工作点从 D 点移动至 E 点，实际电压幅值不再等于给定电压幅值 V_0。在变流器稳态运行时，为保证源荷平衡，输出无功功率一般不宜改变。因此，要让变流器电压幅值回到额定值，可平移变流器的电压-无功下垂曲线，使工作点从 E 点移动到 F 点，此时变流器输出无功不变，但是电压幅值回到了给定值 V_0。

二次控制采用平移下垂曲线的方式来获得新的变流器运行点，则调整后的下垂曲线变为

$$\begin{cases} f=f_0-k_P(P-P_0)+\Delta f \\ V=V_0-k_Q(Q-Q_0)+\Delta V \end{cases} \tag{7.2}$$

微电网中多个采用下垂控制的变流器，需同时改变所有下垂曲线才能使母线电压和频率维持恒定。如图 7-7 所示，以两台变流器为例，当变流器输出有功分别为 P_{B1}、P_{B2} 时，两变流器输出频率均为 f_B，分别工作在 B_1 和 B_2 点。改变下垂曲线的前提，是保证变流器输出功率不变。为了实现这一目标，需要使两变流器的下垂曲线同时抬升相同的 Δf 值。两台变流器的工作点分别从 B_1、B_2 点变为 C_1、C_2 点。

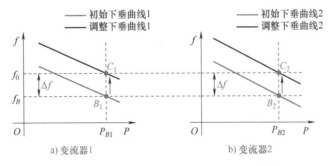

a) 变流器1　　　　　　　　　b) 变流器2

图 7-7　两台变流器的频率-有功下垂控制曲线

忽略线路阻抗造成的压降，两台变流器的电压幅值-无功下垂曲线如图 7-8 所示。与频率-有功曲线类似，为保证变流器输出无功不变，两台变流器的电压-无功下垂曲线要同时抬升相同的 ΔV 值。两变流器的工作点分别从 B_1，B_2 变为 C_1，C_2。

　　一个典型含电压/频率二次控制的孤岛微电网拓扑如图 7-9 所示，图中电压/频率二次控制器的输入为微电网母线频率 f_{BUS} 和电压幅值 V_{BUS}，二次控制器的输出为各个变流器的下垂曲线平移值 Δf_n 和 ΔV_n，二次控制器的输出指令通过通信母线传输给各个变流器。

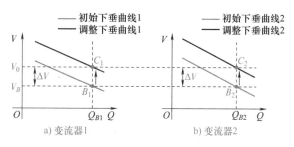

图 7-8　两台变流器的电压幅值-无功下垂控制曲线

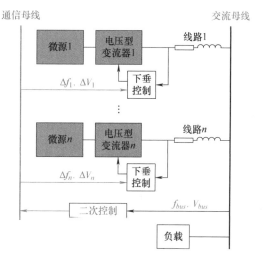

图 7-9　含电压/频率二次控制的孤岛微电网拓扑

　　采用 PI 控制器的二次控制微电网控制结构如图 7-10 所示。通过对负载侧交流母线进行

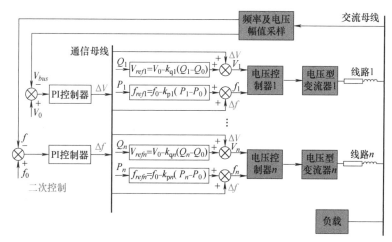

图 7-10　采用 PI 控制器的电压/频率二次控制微电网控制结构

频率及电压幅值采样，计算得到与期望值的偏差后输入对应的 PI 控制器，输出电压幅值或频率的补偿值。

在由两台变流器构成的孤岛微电网系统中，各变流器到交流母线的线路阻抗相同。设定变流器的下垂曲线相同，其中有功参考为 5000W，无功参考为 0var，频率参考为 50Hz，电压幅值参考为 311V，给定每相负载为 6Ω。

0.5s 时，孤岛微电网系统的二次控制开始工作，图 7-11 为该微电网系统启动二次控制前后的母线频率与电压幅值曲线。微电网母线频率与电压幅值被校正到参考给定值 50Hz 和 311V。可以发现二次控制输出的 $\Delta f = 5\text{Hz}$，$\Delta V = 47\text{V}$；但实际上母线频率抬高了 $\Delta f' = 4\text{Hz}$，电压幅值抬高了 $\Delta V' = 51\text{V}$，二次控制输出的 Δf 和 ΔV 并不严格等于母线电压幅值和频率的变化。

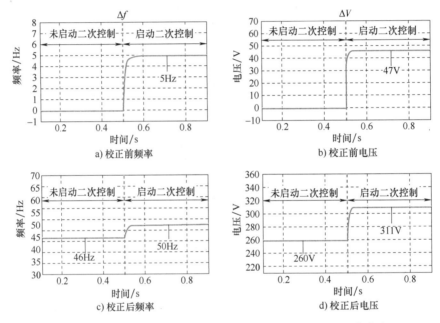

图 7-11　启动电压/频率二次控制前后的母线频率与电压幅值曲线

造成这一情况的原因是当微电网母线电压变化时，负载功率也会发生变化，变流器的输出功率随即发生变化。如图 7-12 所示，启动二次控制后两台变流器的有功功率从 6200W 上升到 8700W，无功功率从 6300var 上升到 9100var。因此微网变流器的工作点又进一步变化，采用 PI 控制器能够自动适应这种变化。

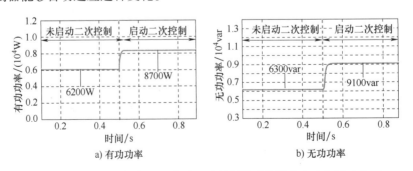

图 7-12　变流器 1 启动电压/频率二次控制前后的输出有功与无功曲线

7.3 用于无功功率分配补偿的集中式二次控制

7.3.1 下垂控制中的无功功率分配问题

下面将以一孤岛微电网为例分析下垂控制的无功功率分配问题。为简化分析，可采取如图 7-13 所示孤岛微电网拓扑。在该孤岛微电网拓扑中，由于各分布式电源到公共母线的距离和网络结构通常存在差异，导致采用传统下垂控制的分布式电源难以完全按照电压幅值-无功下垂曲线分配无功功率。

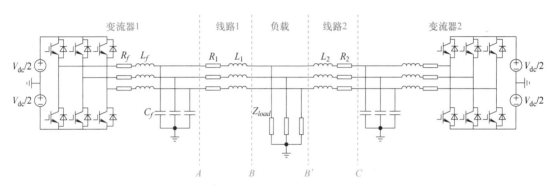

图 7-13 孤岛微电网拓扑

将两台逆变器并联运行的孤岛微电网简化为单相等效电路模型，如图 7-14 所示。V_1，V_2，δ_1，δ_2 分别为变流器 1、变流器 2 的输出电压幅值和相角；$V_{bus} \angle \delta_{bus}$ 为公共点的参考电压；本章忽略线路阻抗中的电阻，X_1，X_2 分别为线路阻抗 1 和线路阻抗 2。由于母线距离和网络结构差异，两台变流器线路 1、线路 2 的传输线路阻抗不同。

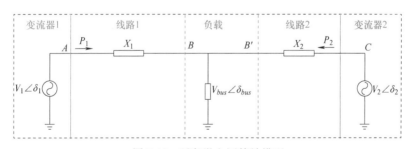

图 7-14 孤岛微电网等效模型

以变流器 1 为例，可得变流器的有功功率 P_1 与无功功率 Q_1 的计算公式为

$$P_1 \approx \frac{V_1 V_{bus}}{X_1}(\delta_1 - \delta_{bus}) \tag{7.3}$$

$$Q_1 \approx \frac{V_1}{X_1}(V_1 - V_{bus}) \tag{7.4}$$

式（7.3）和式（7.4）表明，有功功率 P_1 与功角 $\delta_1 - \delta_{bus}$ 有关，无功功率 Q_1 与 $V_1 - V_{bus}$ 有关。

当微电网达到稳态时，系统中频率处处相等，根据下垂控制的表达式（7.1），各变流器的有功功率可以根据下垂增益合理分配。而输出电压不在微电网中处处相等，现对无功功率分配情况进行分析。

由式（7.4）所得，变流器1的线路特性方程为

$$V_1 \approx V_{bus} + Q_1 \frac{X_1}{V_{bus}} \tag{7.5}$$

同理，变流器2的线路特性方程为

$$V_2 \approx V_{bus} + Q_2 \frac{X_2}{V_{bus}} \tag{7.6}$$

由于两台变流器额定容量相同，因此其下垂系数相同。联立两台变流器的下垂特性方程与线路特性方程，得到的电压-无功功率曲线如图7-15所示。

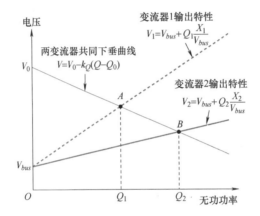

图7-15　电压-无功功率曲线

图7-15中，下垂特性曲线和变流器1输出特性曲线相交的点 A 为变流器1的稳定运行工作点，下垂曲线和变流器2输出特性曲线相交的点 B 为变流器2的稳定运行工作点。从图7-15中可以看出，变流器1承担的无功负荷 Q_1 小于变流器2承担的无功负荷 Q_2，说明在额定容量相等的前提下，变流器所在线路的阻抗越大，变流器承担的无功负荷越小。

综上所述，两个额定功率相等、额定电压和下垂系数也都相等的变流器并联运行，若要实现功率均分，必须使各变流器的等效线路阻抗相等（即 $X_1 = X_2$）。但由于孤岛微电网中变流器的分散性以及电网结构的复杂多样性，在实际条件下变流器到公共交流母线的线路阻抗不相同，甚至有很大差异。因此，在应用传统下垂控制策略的微电网中，各并联变流器输出的无功功率无法按照额定容量的比值进行精确分配。

在由两台变流器构成的孤岛微电网系统中，设定下垂曲线的有功给定5000W，无功给定0var，频率给定50Hz，电压幅值给定311V，变流器1和变流器2的容量比为1∶1，变流器1线路阻抗为 $R_A = 1.2\Omega$，$L_A = 8.0$mH，变流器2线路阻抗为 $R_B = 0.4\Omega$，$L_B = 1.0$mH。在给定负载的情况下测得变流器实际输出无功功率及输出电压如图7-16所示。

从仿真结果可见，当各变流器的线路阻抗不同时，变流器输出的无功功率不能准确按照无功容量进行分配，从而影响电网经济运行，重载情况下还可能导致部分变流器超负荷运行。

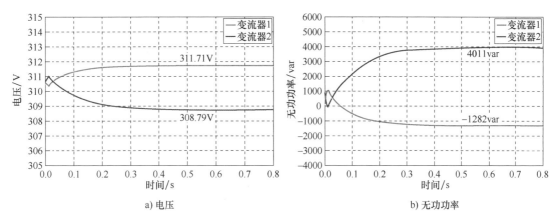

a) 电压   b) 无功功率

图 7-16　输出电压与无功分配仿真结果

7.3.2　无功分配的集中式二次控制结构

与 7.2.2 节类似，基于集中式二次控制器，可以实现无功功率的准确分配，控制结构如图 7-17 所示[2]。其中，公共交流母线电压幅值作为电压 PI 控制器的输入信号，可以通过自适应的方式输出由于实际交流母线电压偏离期望值所需补偿的无功功率。将补偿无功功率与所有变流器输出的无功功率 $\sum Q_i$ 求和得到待分配的总无功功率 Q_{total}，再通过比例分配计算出每台变流器的无功给定。每台变流器的变流器层控制通过将这一给定信号与无功输出 Q_i 做差后作为无功 PI 控制器的输入，最终输出下垂控制器所需的补偿电压参数 ΔV。

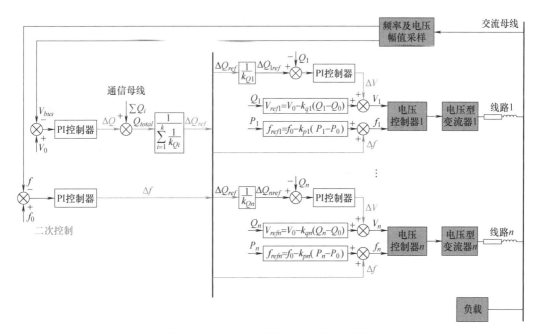

图 7-17　无功分配的集中式二次控制结构

每个逆变器的无功需求可以通过以下方式计算：

$$\begin{cases} Q_{iref} = \dfrac{Q_{total}}{k_{Qi} \displaystyle\sum_{i=1}^{k} \dfrac{1}{k_{Qi}}} \\ Q_{total} = \sum Q_i + \left(k_{pE} + \dfrac{k_{iE}}{s} \right) (V_0 - V_{bus}) \end{cases} \tag{7.7}$$

式中，Q_{total}是微电网中所有逆变器提供的无功功率；$\displaystyle\sum_{i=1}^{k} \dfrac{1}{k_{Qi}}$是连接到微电网的逆变器下垂增益的总和；$k_{pE}$、$k_{iE}$分别为电压 PI 控制器的比例系数和积分系数。

因此，每个逆变器必须向 MGCC 传输其下垂增益值，以便能够准确地估计无功需求。

计算得到各逆变器的无功需求 Q_{iref} 后，通过每个逆变器独立的 PI 控制器提供对应逆变器电压幅值的额外补偿量 ΔV_i。无功分配的集中式二次控制方程为

$$\begin{cases} \Delta V_i = \left(k_{pQ} + \dfrac{k_{iQ}}{s} \right) (Q_{iref} - Q_i) \\ V_i = V_{i0} - k_{Qi}(Q_i - Q_{i0}) + \Delta V_i \end{cases} \tag{7.8}$$

式中，ΔV_i表示传入变流器 i 的补偿电压；k_{pQ}、k_{iQ}分别为无功 PI 控制器的比例系数和积分系数；Q_{iref}表示变流器 i 的参考无功给定；Q_i表示变流器 i 的实际无功输出；k_{Qi}表示逆变器 i 的下垂增益。

由于无功潮流主要取决于电压幅值，额外的电压补偿量会导致无功输出在逆变器之间实现根据无功容量比的精确分配。

在由两台变流器构成的孤岛微电网系统中，设定下垂曲线的有功给定 5000W，无功给定 0var，频率给定 50Hz，电压幅值给定 311V，变流器 1 和变流器 2 的无功容量比为 4∶3，变流器 1 线路阻抗为 $R_A = 1.0\Omega$，$L_A = 5.0\text{mH}$，变流器 2 线路阻抗为 $R_B = 0.8\Omega$，$L_B = 4.0\text{mH}$。在给定负载的情况下测得启动二次控制前后的母线频率与电压幅值曲线如图 7-18 所示。

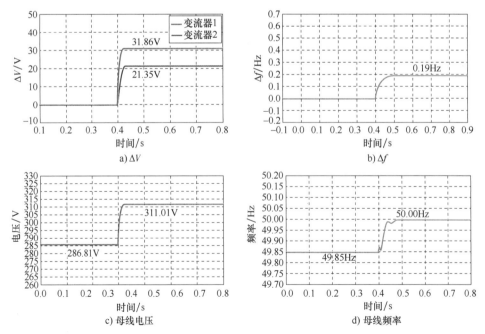

图 7-18 启动无功分配二次控制前后的频率与电压幅值曲线

在 0.4s 时，微电网系统二次控制开始工作，微电网母线频率与电压幅值被校正到参考给定值 50Hz 和 311V。可以发现二次控制输出的 $\Delta f = 0.19\mathrm{Hz}$，$\Delta V_1 = 31.86\mathrm{V}$，$\Delta V_2 = 21.35\mathrm{V}$；但实际上母线频率抬高了 $\Delta f' = 0.15\mathrm{Hz}$，电压幅值抬高了 $\Delta V' = 24.2\mathrm{V}$，二次控制输出的 Δf 和 ΔV 并不严格等于母线电压幅值和频率的变化。

造成这一情况的原因是当微电网母线电压变化时，负载功率也会发生变化，变流器的输出功率随即发生变化。并且由于加入了无功分配补偿环节，两台变流器的无功变化不同，因此各变流器的工作点变化情况不同。启动二次控制前后的有功功率与无功功率曲线如图 7-19 所示。

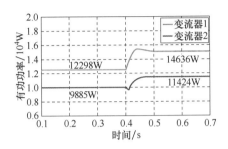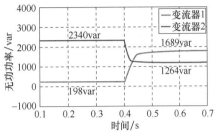

图 7-19　启动无功分配二次控制前后的有功功率与无功功率曲线

在 0.4s 时，微电网系统二次控制开始工作，两台变流器的有功功率分别从 12298W 和 9885W 变化到 14636W 和 11424W，两台变流器的无功功率分别从 198var 和 2340var 变化到 1689var 和 1264var。可以验证二次控制启动后，两台变流器的无功功率准确按照无功容量比进行分配。

7.4　分布式二次控制

7.4.1　分布式二次控制概述

集中式二次控制的实现依赖于中央控制器及通信系统，通信系统首先将各个变流器的数据发送到中央控制器，在中央控制器中计算得到补偿信号后，再次利用通信系统发送回每个变流器的本地控制器。这种体系结构的优点是算法简单，易于实现系统的最优化控制。缺点是可靠性低，如果中央控制器发生故障，微电网中所有变流器的二次控制均无法工作。

为了避免集中式二次控制中的中央控制器故障时二次控制失效，可以采用分布式二次控制策略。在分布式二次控制中，控制器分别设置在每个变流器单元处，且能够独立工作。分布式二次控制器需要利用通信系统，收集其他变流器单元的工作状态，通过计算处理后输出信号控制本地变流器单元工作。分布式二次控制摒弃了中央控制器的束缚，在每个分布式变流器本地设计控制器，然后将修正结果输送到变流器的下垂控制当中，从而实现二次控制目标。综合来看，集中式控制的中央控制器处理压力较大，通信链路相对固定，拓展性较差，数据传递错误及中央处理器计算错误都会造成十分严重的后果；分布式控制相对灵活，各个小控制器计算力要求不高，通信链路也相对灵活，拓展性很好。

需要注意的是，分布式二次控制有着多种不同的通信系统结构，不同的通信结构需要设计不同的分布式二次控制系统，且往往更加简单的通信系统需要较为复杂的二次控制算法来实现目标。为直观地介绍分布式二次控制的原理，并比较集中式二次控制和分布式二次控制，本文将以两种微电网中常见的基于不同通信系统的分布式二次控制。

7.4.2 复杂通信系统下的分布式二次控制

基于复杂通信系统的分布式二次控制结构如图 7-20 所示。和集中式二次控制不同，分布式二次控制中，每台变流器的控制系统中都包含二次控制系统，且所有变流器的二次控制系统都通过通信系统交换频率及电压幅值等本地信息[3]。不同于集中控制器使用负载处电压幅值信号和频率信号作为实际输出的参考信号，分布式二次控制只采集和传输各变流器本地的电压幅值信号和频率信号，因此采用全部变流器的输出频率平均值和输出电压幅值的平均值作为二次控制的被控信号。

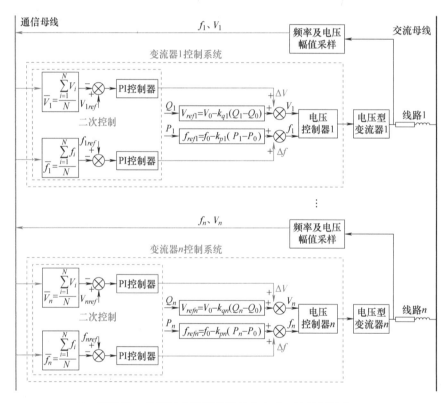

图 7-20　基于复杂通信系统的分布式二次控制结构

为了补偿频率-有功下垂控制器产生的频率偏差，各变流器在每个采样时刻测量输出频率，通过通信母线获得其他变流器的频率信号后，计算各变流器频率的平均值。因为电压频率为直流量，因此采用 PI 控制器实现无静差控制。则频率补偿量的计算公式为

$$\begin{cases} \Delta f_i = \left(k_{pf} + \dfrac{k_{if}}{s} \right) \left(f_{iref} - \bar{f}_i \right) \\ \bar{f}_i = \dfrac{\sum\limits_{i=1}^{N} f_i}{N} \end{cases} \tag{7.9}$$

式中，Δf_i表示传入变流器 i 的补偿频率；k_{pf}、k_{if} 分别为频率 PI 控制器的比例系数和积分系数；f_{iref} 表示变流器 i 的参考频率；$\overline{f_i}$ 表示所有变流器频率 f_i 的平均值。

电压幅值-无功下垂控制的补偿也可以采用类似的方法，其中每个变流器只需测量本地输出电压，不再需要遥测负载母线电压。各变流器的输出电压可能存在较大不同，因此同样通过通信母线获得其他变流器的输出电压信号后，计算各变流器输出电压的平均值。因为电压幅值为直流量，因此采用 PI 控制器实现无静差控制。则电压补偿量的计算公式为

$$
\begin{cases}
\Delta E_i = \left(k_{pE} + \dfrac{k_{iE}}{s} \right) \left(E_{iref} - \overline{E}_i \right) \\
\overline{E}_i = \dfrac{\displaystyle\sum_{i=1}^{N} E_i}{N}
\end{cases}
\tag{7.10}
$$

式中，ΔE_i 表示传入变流器 i 的补偿电压；k_{pE}、k_{iE} 分别为电压 PI 控制器的比例系数和积分系数；E_{iref} 表示变流器 i 的参考电压；$\overline{E}_i$ 表示所有变流器电压 E_i 的平均值。

在由两台变流器构成的孤岛微电网系统中采用分布式二次控制。设定下垂曲线的有功参考 5000W，无功参考 0var，频率参考 50Hz，电压幅值参考 311V，变流器 1 和变流器 2 的无功容量比为 4 : 3，变流器 1 线路阻抗为 $R_A = 1.0\Omega$，$L_A = 5.0\text{mH}$，变流器 2 线路阻抗为 $R_B = 0.8\Omega$，$L_B = 4.0\text{mH}$。在给定负载的情况下测得启动二次控制前后的母线频率与电压幅值曲线如图 7-21 所示。

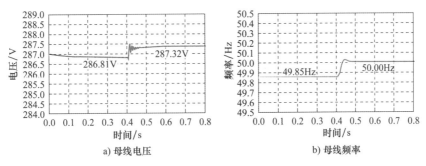

a) 母线电压 b) 母线频率

图 7-21 启动分布式二次控制前后的母线频率与电压幅值曲线

在 0.4s 时，微电网系统二次控制开始工作，微网母线频率被校正到参考给定值 50Hz，但是电压幅值不能到达给定值 311V，原因是分布式控制只采样和补偿每台变流器的输出侧电压，由于线路压降的影响，微网母线电压会低于给定值。

7.4.3 简化通信系统下的分布式二次控制

图 7-20 所示的分布式二次控制中，通信系统需要实现所有变流器之间的通信，对通信系统的速率、带宽等要求较高，且通信系统的可靠性对分布式控制的正常运行影响很大。因此图 7-20 所示的二次控制需要高性能、高可靠性的通信系统，如果通信系统失效，微电网的运行将受到影响。为保证微电网的正常运行，提高微电网的可靠性，需要利用更加简化、可靠的通信系统实现分布式二次控制。

简化通信系统下的分布式二次控制如图 7-22 所示，此时的通信系统不再要求所有变流器都实现通信，每台变流器都只和相邻的变流器进行通信，不再需要微电网的通信母线[4]。二次控制只能接收到附近变流器的信息，较少的信息使得常见的 PI 控制器无法再实现电压补偿、频率补偿等目标。因此二次控制器常采用一致性算法等更加复杂的控制系统，一致性算法的详细说明见参考文献 [5-7]。和复杂通信下的二次控制相比，简化通信结构下的二次控制对通信系统的要求更低，提高了微电网的可靠性。但是，简化通信结构下的二次控制系统对二次控制器的要求更高，设计更加复杂。

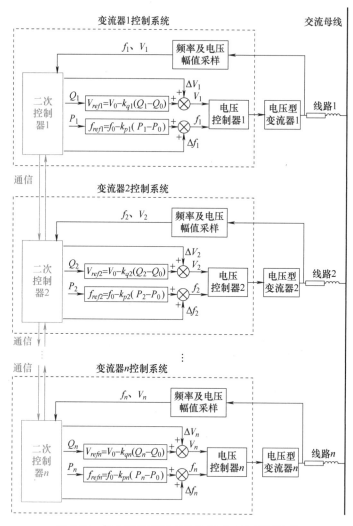

图 7-22　简化通信系统下的分布式二次控制结构

7.5　仿真任务：多台电压控制型变流器的二次控制设计

1. 任务及条件描述

根据前几节介绍的微电网二次控制策略，参考图 7-23 的电路拓扑结构和表 7-2 的仿真参数，在 PLECS 上完成多台电压控制型变流器的二次控制设计。

（1）基本要求

1）在第 6 章中三组下垂控制仿真基础上，分别加入二次控制，二次控制在 1s 后开始工作。

2）观察两个变流器的输出电流（三相电流及 dq 电流）、输出功率、母线电压的幅值及频率二次控制器的输出，分析二次控制在不同状态下的工作原理。

3）二次控制中两个 PI 控制器的参数均为 $K_p = 0.1$，$K_i = 100$。

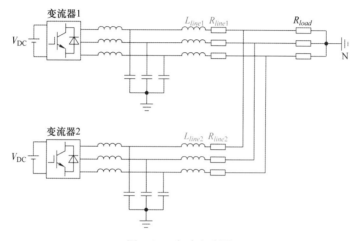

图 7-23　实验电路图

（2）仿真参数（见表 7-2）

表 7-2　仿真参数

直流电压源 $V_{DC} = 800V$	开关频率 $f_{ac} = 20kHz$
初始负载 $R_0 = 6\Omega$，变化后负载 $R_1 = 4\Omega$	电网电压 $V_{ac} = 220V$ RMS
负载变化时刻 $t_1 = 2s$	仿真时长 0~3s
仿真步长：变步长	给定有功：$P_0 = 5kW$，给定无功：$Q_0 = 0var$
给定电压幅值：$V_0 = 311V$，最小电压：$V_{min} = 300V$	给定频率：$f_0 = 50Hz$，最小频率：$f_{min} = 49.7Hz$
变流器 1： 最大有功：$P_{1max} = 20kW$　　最大无功：$Q_{1max} = 20kvar$ 线路阻抗 $R_{lineA} = 0.9\Omega/L_{lineA} = 5mH$	变流器 2： 最大有功：$P_{2max} = 20kW$　　最大无功：$Q_{2max} = 20kvar$ 线路阻抗 $R_{lineB} = 0.8\Omega/L_{lineB} = 4mH$

2. 预期结果

预期的仿真波形如图 7-24 所示。

在稳态下，微网系统中所有节点基波频率相同，根据下垂曲线公式 $f = f_0 - k_P(P - P_0)$，当两台变流器下垂曲线相同时，输出有功也相同。对比变流器 1 和变流器 2 在各时段的有功功率，该结论得到验证。

微电网中无功功率分配除了与各自的下垂系数 K_Q 有关，还与各自线路阻抗有关。根据电压幅值与无功的关系 $V_{bus} = V_1 - Q_1 X / V_1$，代入无功下垂控制方程 $V = V_0 - k_Q(Q - Q_0)$，可以得

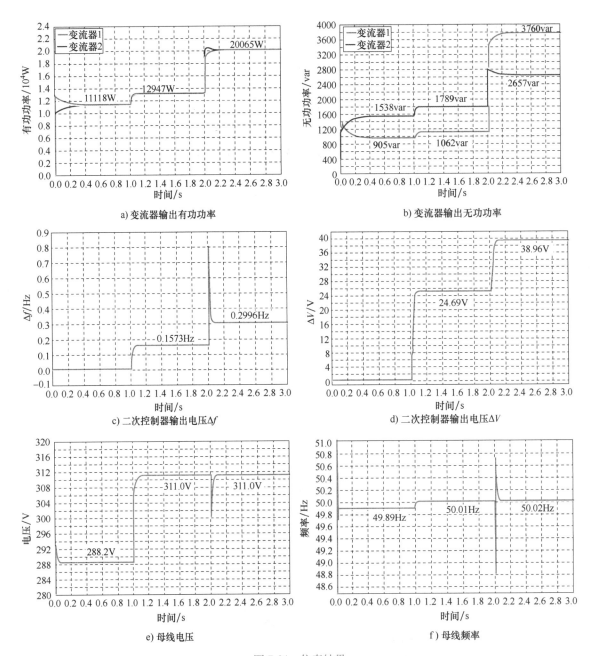

图 7-24 仿真结果

到 $V_{bus} = V_0 - Q_1\left(k_Q + \dfrac{X_A}{V_0 - k_Q Q_1}\right)$。联立两变流器的无功下垂曲线方程，得到 $Q_1\left(k_{Q1} + \dfrac{X_A}{V_0 - k_{Q1} Q_1}\right) =$

$Q_2\left(k_{Q2} + \dfrac{X_B}{V_0 - k_{Q2} Q_2}\right)$，代入变流器 1 和变流器 2 在各时段的无功功率等式成立，该结论得到验证。

可以看到，在 0~1s 时变流器实际输出有功、无功偏离参考值，再考虑到线路阻抗的影响，母线的电压和频率也偏离了参考值。

在 1~2s 时加入了二次控制，母线电压上升到 311V，母线频率也调整到了 50Hz，稳态特性大幅改善。在未添加二次控制时，母线频率比基准值低了 0.11Hz，母线电压比基准值低了 22.8V，添加二次控制时，$\Delta f = 0.1573\text{Hz}$，$\Delta V = 24.69\text{V}$，均比差值要大，原因是对母线电压进行补偿时，负载的功率上升，差值会发生变化。通过二次控制的 PI 调节可以补偿新的差额，最终使母线电压频率达到额定。

在 2s 末负载变化后，母线电压和频率仍能保持稳定，体现了二次控制对微电网母线稳定运行的重要意义。

3. 拓展任务

拓展任务：画出对应的初始下垂曲线和二次控制调整后的下垂曲线，分析变流器工作点的变化，并简要分析线路阻抗、负载功率对二次控制的影响。

变流器下垂工作点的变化：在 MATLAB 中将有功和无功的下垂控制曲线绘制，可以得到加入二次控制后，由于母线电压低于额定，二次控制会在下垂控制方程中增加一个偏差量以弥补差额。但是此时由于线路电压上升，负载功率增大，在下垂控制曲线上的对应点会在垂直上升的基础上右移，导致母线电压和频率仍未满足要求，需要依靠 PI 控制进行动态调整，实现无静差跟踪。因此，加入二次控制后变流器工作点的变化情况是向右上方移动的。

线路阻抗对二次控制的影响：对于不同的线路阻抗，支路的分压不同，即线路压降不同，变流器输出特性不同，因此二次控制需要选择相应的输出电压和输出无功补偿值，以抵消线路阻抗对无功功率分配和母线电压偏移的影响。

负载功率对二次控制的影响：对于不同的负载功率，下垂控制工作点也相应移动，母线电压幅值和频率偏移额定值，因此二次控制需要修正下垂曲线，以补偿工作点移动造成的幅值和频率偏移。

参 考 文 献

[1] GUERRERO J M, VASQUEZ J C, MATAS J, et al. Hierarchical control of droop-controlled AC and DC microgrids—a general approach toward standardization [J]. IEEE Transactions on Industrial Electronics, 2011, 58 (1)：158-172.

[2] MICALLEF A, APAP M, SPITERI-STAINES C, et al. Reactive power sharing and voltage harmonic distortion compensation of droop controlled single phase islanded microgrids [J]. IEEE Transactions on Smart Grid, 2014, 5 (3)：1149-1158.

[3] SHAFIEE Q, GUERRERO J M, VASQUEZ J C. Distributed secondary control for islanded microgrids—a novel approach [J]. IEEE Transactions on Power Electronics, 2014, 29 (2)：1018-1031.

[4] LU X, YU X, LAI J, et al. A novel distributed secondary coordination control approach for islanded microgrids [J]. IEEE Transactions on Smart Grid, 2018, 9 (4)：2726-2740.

[5] GUO F, WEN C, MAO J, et al. Distributed secondary voltage and frequency restoration control of droop-controlled inverter-based microgrids [J]. IEEE Transactions on Industrial Electronics, 2015, 62 (7)：4355-4364.

[6] 肖湘宁，王鹏，陈萌. 基于分布式多代理系统的孤岛微电网二次电压控制策略 [J]. 电工技术学报，2018, 33 (08)：1894-1902.

[7] 蔡颖凯，张冶，康乃荻，等. 基于动态一致性算法的 VSG 微网孤岛二次控制 [J]. 电力电子技术，2023, 57 (5)：93-97.

第8章 直流微电网

8.1 直流微电网简介

交流、直流、交直流混合为微电网主要的三种组网方式，本节主要介绍直流微电网，即为由直流母线构成的微电网。图 8-1 为常见的直流微电网结构，手机充电器、电车充电桩等直流电器通过 DC/DC 变换器与直流母线相连，光伏发电板等直流电源利用 DC-DC 变流器接入电网。交流电机、风力发电机等以交流为主的设备通过 AC-DC 变换器接入直流微网。此外，通过大功率双向 DC-AC 变换器，直流电网可以与外界交流电网进行能量交换，实现能量互补。和交流微电网相比，直流微电网不需要考率频率、相位、无功等问题，只需要维持母线电压稳定即可控制微网稳定，效率更高，也更加可靠[1]。

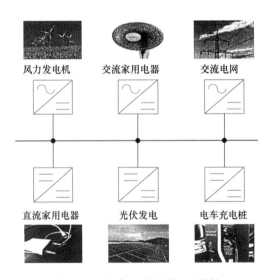

图 8-1　一种典型直流微电网结构

在直流微电网建设方面，我国走在世界前列。以南方区域首个"六站合一"直流微电网示范工程——广东东莞 110 千伏巷尾站正式投运为例，项目融合建设移动储能站、电动汽车充电站、数据中心站、光伏发电站和 5G 通信基站为一体，综合能源转换效率达 95%，该项目应用具有源网荷储交直功能的新型电力设备，通过计算机监控及能量管理系统，综合协调微电网内的光伏发电单元、储能单元、柔性充电堆单元，优先保障绿色能源就地消纳，推进微电网清洁低碳运行；同时，采用新一代 5G 通信技术实时灵活调控移动储能单元，为地区重要负荷提供可靠电源保障。

8.2 单台变流器的控制方式

直流微网中，需要 AC-DC 变流器及 DC-DC 变流器实现分布式能源及储能的并网。AC-DC 变流器的控制策略与 DC-AC 变流器的控制策略较为类似，此处不再详细介绍，本章主要介绍 DC-DC 变流器的控制。前文介绍过直流微电网中有着不同拓扑的 DC-DC 变流器，这些 DC-DC 变流器有着不同的调制及控制策略。其中，双有源桥变流器因功率双向流动、无源器件体积小等特点受到广泛的关注和研究。因此，本节以双有源桥变流器介绍微电网中 DC-DC 变流器的控制。

图 8-2 为双有源桥变流器的典型电路结构，由两个 H 桥电路，电感 L_1，一次电容 C_1，二次电容 C_2 和变流器 T_1 组成，实现 DC-AC-DC 的功率变换。一次 H 桥由开关管 $S_1 \sim S_4$ 组成，输入侧与直流源相连，电压为 v_{in}，输出电压为 v_{ab}。二次 H 桥由开关管 $S_5 \sim S_8$ 组成，输入电压为 v_{cd}，输出侧与直流微电网母线相连，电压为 v_o。通过调节 v_{ab} 和 v_{cd}，可实现对变压器一次电流 i_L 的控制，进而对传输功率进行控制。

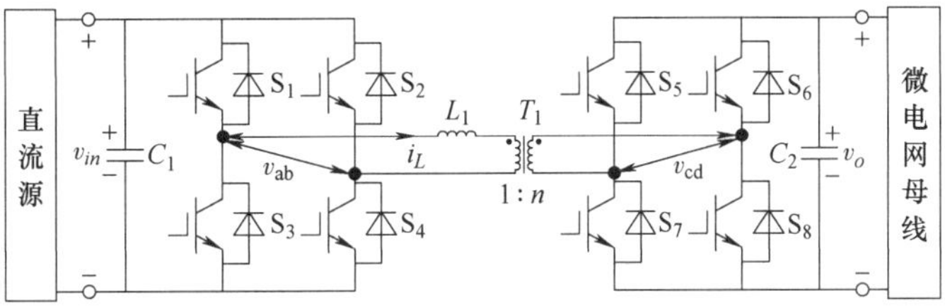

图 8-2 双有源桥变流器典型电路结构

8.2.1 调制算法

DAB 变换器具备开关器件零电压开通的特点，由于其通过变压器连接，输入端与输出端实现了电气隔离[2]。通过控制变压器一、二次侧的全桥变换器产生的方波电压（v_{ab} 和 v_{cd}）并改变这两个方波电压之间的移相角 φ 的大小和方向，DAB 变换器来可以改变传输功率的大小和流向，实现功率的双向流动。常见的调制方式为单移相调制方式、双重移相调制方式、三重移相调制方式。

1. 单移相调制的实现方式

单移相调制方式是 DAB 变换器最简单的调制方式，一次 H 桥电路和二次 H 桥电路均固定输出占空比，通过调整两侧桥式电路 PWM 信号的相角差，可以控制两个桥臂输出方波电压的相角差，改变传输功率的大小和流向。图 8-3 为控制波形图，一次 H 桥电路和二次 H 桥电路均以固定 50%的占空比控制器开关器件的通断，因此 v_{ab} 和 v_{cd} 为两个相同占空比的 PWM 电压。通过控制 v_{ab} 和 v_{cd} 之间的相位差 ΔT，实现了电感电流 i_L 的大小和方向的调节，从而完成了不同方向和大小的功率流向控制。

单相移控制方式有着控制方法简单、易于实现、传输功率大的优点，但其输出电压的波形质量较差，容易出现谐波失真和高噪声等问题，造成变换器效率降低，寿命缩短。

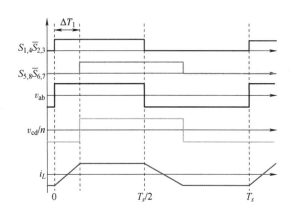

图 8-3　SPS 调制下 DAB 变换器波形

2. 双移相调制的实现方式

双移相调制如图 8-4 所示。双移相调制相比单移相调制更加复杂，增加了一个控制变量，即一次或二次 H 桥的两个半桥之间的移相值。因此一次或二次桥臂的输出电压就是一个存在零值的方波波形，通过改变两个移相值的大小，能够保证在控制输出功率的前提下，降低回流的功率和电流应力，提高能量传输效率。

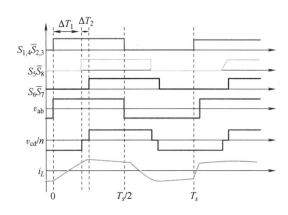

图 8-4　双移相调制下 DAB 变换器波形

3. 三重移相调制的实现方式

三重移相调制是在双移相调制基础上，再增加另一个桥臂内两个半桥的间的相移角，这样就存在三个可以控制的相移角，控制结果会更加精确，能量损耗也会进一步降低，但控制难度也会增加（见图 8-5）。

综上所述，单移相调制、双移相调制和三重移相调制是 DAB 调制中常用的技术之一。不同的技术在输出电压波形质量、系统效率、硬件成本和软件复杂度等方面都有所不同，需要根据具体应用场景进行选择。

8.2.2　电压控制

根据双有源桥在不同调制策略下的工作原理，可以设计对应的控制器。以单移相调制为

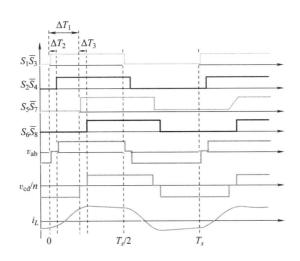

图 8-5　三重移相调制下 DAB 变换器波形

例分析双有源桥的工作原理，此处假设双有源变换器中的器件（包括开关器件和无源器件）均为理想器件，没有损耗。因为开关管为理想开关，不考虑开关过程，所以在分析过程中认为开关管在开关状态变化前后电感电流保持不变。因此，电感两端的等效电路如图 8-6 所示，因为变压器的存在，电感两端电压分别为 v_{ab} 和 v_{cd}/n。

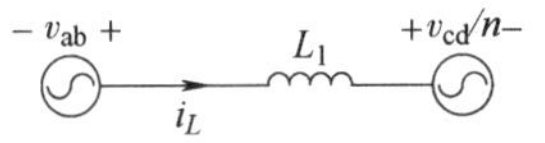

$$-v_{ab}+ \qquad \overset{L_1}{\longrightarrow} \qquad +v_{cd}/n-$$
$$\xrightarrow{\quad i_L \quad}$$

图 8-6　双有源桥变流器典型电路结构

单移相调制的电压、电流如图 8-7 所示。在 $t_0 \sim t_1$ 时间段内，ab 端的电压为 v_{in}，cd 端的电压为 $-v_o$，电感电流线性上升，这个时间段内电感电流为

$$i_L(t) = i_L(t_0) + \frac{v_{in}+v_o/n}{L}(t-t_0) \tag{8.1}$$

式中，$i_L(t_0)$ 为 t_0 时刻电感电流的大小。

定义 $t_1 - t_0 = DT/2$，所以 t_1 时刻电感电流的大小为

$$i_L(t_1) = i_L(t_0) + \frac{v_{in}+v_o/n}{L}(t_1-t_0) = i_L(t_0) + \frac{DT_s(v_{in}+v_o/n)}{2L} \tag{8.2}$$

在 $t_1 \sim t_2$ 时间段内，ab 端的电压为 v_{in}，cd 端的电压为 v_o，电感承受电压变为 $v_{in}-v_o/n$，电感电流为

$$i_L(t) = i_L(t_1) + \frac{v_{in}-v_o/n}{L}(t-t_1) \tag{8.3}$$

因为有 $t_2 - t_1 = (1-D)T/2$，所以 t_2 时刻电感电流为

$$i_L(t_2) = i_L(t_1) + \frac{v_{in}-v_o/n}{L}(t_2-t_1) = i_L(t_1) + \frac{(1-D)(v_{in}-v_o/n)T_s}{2L} \tag{8.4}$$

因为稳定状态下电感电流在一个开周期内前半个周期和后半个周期对称，所以有 $i_L(t_0) =$

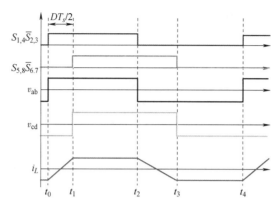

图 8-7　单相移调制方法

$-i_L(t_2)$，将这一结论与式（8.2）和式（8.4）联立求解得到 t_0 时刻的电感电流为

$$i_L(t_0) = -\frac{2nv_oD - v_o/n + v_{in}}{4f_{sw}L} \tag{8.5}$$

式中，f_{sw} 为开关频率，等于 $1/T_s$。

于是可得 DAB 一个开关周期内的平均输出功率为

$$P = v_o\frac{2}{T}\int_{t_0}^{t_0+T/2}ni_L(t)\,\mathrm{d}t = \frac{v_{in}v_o}{2nf_{sw}L}D(1-D) \tag{8.6}$$

由此可以看到，双有源桥的输出功率的方向只由移相角 D 决定，而输出功率的大小同样受到移相角 D 的影响。由双有源桥的输出功率是由输出电压、输出电流决定，因此可以利用移相角 D 实现双有源桥输出电压的控制。由此可以得到 DAB 的电压控制如图 8-8 所示，因为被控电压为直流量，因此可以采用 PI 控制器实现无静差控制，PI 控制器输出 DAB 单移相调制所需的 D，从而实现 DAB 的电压控制。

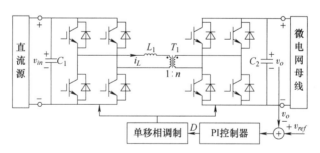

图 8-8　双有源桥电压控制策略

8.3　直流微电网的控制

8.3.1　直流微电网控制架构

为了确保直流微电网的稳定有效运行，需要采用合适的控制策略[3]。图 8-9 给出了一种

直流微电网的常用控制框架，如图所示直流微电网的控制可以分为本地控制和基于数字通信的协同控制这两部分。

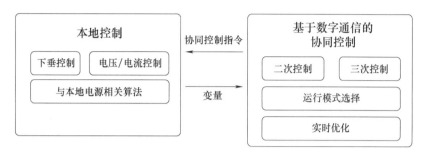

图 8-9　直流微电网的常用控制框架

　　就本地控制而言，通常可以包含以下功能：①电压、电流控制，下垂控制等；②与单台电源相关算法，例如适用于光伏的最大功率点跟踪控制。就基于通信的协同控制而言，通常可以包含以下功能：①二次控制、三次控制；②运行模式选择；③实时优化。

　　两层控制系统之间，需要实现信息交互。其中，本地控制层需要将关键变量信息传输至协同控制层，例如电压、电流、功率等；而协同控制层会下发系统控制指令，例如二次调节指令、三次调节指令等等。

　　相比于交流微电网中涉及的幅值、频率、有功功率和无功功率等多种变量，直流微电网中一般只需要关注幅值和有功功率即可。因此，直流微电网的控制是更加简单的。本节将对直流微电网中的下垂控制和二次控制进行简要介绍。

8.3.2　直流下垂控制

　　下垂控制通常加在电压、电流控制环之外，用于分配负载电流。[4]根据反馈信号的不同，可以将直流微电网中变流器的下垂控制分为基于输出功率和基于输出电流的两种策略。

　　图 8-10 给出了基于输出电流反馈的下垂特性曲线，如图所示 v_o 和 i_o 为变流器的输出电压与电流；V^* 是直流母线额定电压，$V_{\max}^*$ 和 $V_{\min}^*$ 对应于输出电压的最大和最小值。可见，随着输出电流增大，输出电压会随之减低。

　　图 8-10 中，输出电压随电流变化的斜率即为下垂系数 K_{i0}，可以视作变流器的等效输出阻抗。下垂系数与电压电流的关系可以写为

$$v_o = v^* - K_{i0}i_o \tag{8.7}$$

　　图 8-11 给出了两台变流器供电的等效电路。根据直流下垂特性方程，可以下列关系式。其中，V_i、i_{oi}、K_i、R_{linei} 分别表示第 i 台变流器的参考电压、输出电流、下垂系数、线路阻抗为

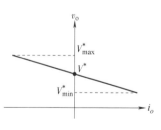

图 8-10　基于输出电流反馈的下垂特性

$$v_{bus} = v_1^* - K_1 i_{o1} - R_{line1} i_{o1} \tag{8.8}$$

$$v_{bus} = v_2^* - K_2 i_{o2} - R_{line2} i_{o2} \tag{8.9}$$

为了保证直流微电网母线电压恒定，一般应满足 $v_2^* = v_1^*$。则上述两式联立可得

$$\frac{i_{o1}}{i_{o2}} = \frac{K_2 + R_{line2}}{K_1 + R_{line1}} \tag{8.10}$$

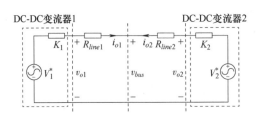

图 8-11　两台变流器供电的等效电路

由式（8.10）可知，变流器的输出功率，与其下垂系数和线路阻抗之和成反比例。可以看到，在不需要各变流器之间通信的情况下，下垂系数的加入就能减小线路阻抗对两台变流器功率分配的影响程度，且下垂系数越大，线路阻抗对功率分配的影响越小。因此，合理设计下垂系数，能够更好地协调负载功率分配。但是，下垂控制的引入也容易造成了电压幅值偏离直流微电网母线标准电压。

8.3.3　直流二次控制

下垂控制为各变流器提供了一种无通信的功率分配解决方案。然而，从式（8.8）可以看出，当输出电流不为零时，由于下垂系数和线路阻抗的存在，直流母线电压会偏离额定值。为了消除这种稳态直流电压差，需要引入二次控制策略[5]。

接下来，将简述二次控制的思想。图 8-12 给出了直流控制特性曲线。可以看到，当输出电流为零时，直流输出电压为 V_0，即为额定电压。然而，由于负载的存在，输出电流增大至 I_B，相对应地，输出电压也调整至 V_B。可以看到，此时变流器的稳态工作点从 A 移动到了 B，且输出电压偏离了额定电压。

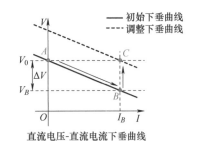

图 8-12　直流控制特性曲线修正

为了补偿这一电压差，可以将下垂特性曲线向上平移，从而使变流器的工作点从 B 移动到 C。此时，变流器向负载供应电流 I_B，且输出电压修正为额定电压。

调整后的下垂曲线变为

$$v_o = v^* - K_{i0} i_o + \Delta V \tag{8.11}$$

式中，ΔV 即为二次控制计算得到的补偿值。

图 8-13 给出了直流微电网的集中式二次控制示意图，如图所示集中控制器对直流母线电压进行采样，计算各台直流变流器的二次补偿值后，再借助通信母线向各设备传递二次控制指令。

如表 8-1 所示，与交流微电网相比较，直流微电网在变流器层控制和微网层控制中只需要考虑直流电压幅值和有功功率即可，无需考虑无功功率与频率的问题。因此，和交流微电网相比，直流微电网的控制系统更加简单，更易实现。

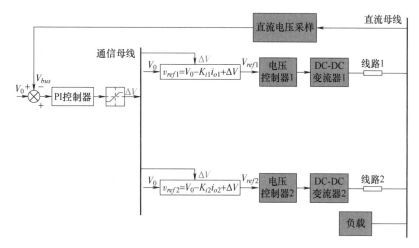

图 8-13　直流微电网的集中式二次控制示意图

表 8-1　基于下垂控制的直流、交流微电网分层控制的对比

		直流微电网	交流微电网
变流器层控制	控制目标	输出电压控制 有功功率平衡	有功功率平衡 无功功率平衡 电压控制 频率控制
	传递信息	电压、电流、功率等	电压、电流、功率、频率等
	控制对象	直流母线电压幅值	交流母线电压幅值、频率
微网层控制	控制目标	系统有功功率的分配 直流母线电压幅值的二次调节 并网离网运行方式	系统的有功功率和无功功率分配 交流母线电压幅值与频率的二次调节 并网离网运行方式
	传递信息	直流电压幅值相关信号	交流电压幅值、频率相关信号
	控制对象	有功功率、电压幅值	有功功率、无功功率、电压幅值、电压频率

8.4　仿真任务：双有源全桥 DC-DC 变流器的设计

1. 任务及条件描述

本次仿真任务要求同学们在 PLECS 中搭建两台双有源全桥（Dual Active Bridge，DAB）DC-DC 变流器，实现下垂控制和二次控制。

（1）基本要求

1）搭建 DAB 仿真模型，使用单移相（Single Phase Shift，SPS）调制。

2）依次加入下垂控制和二次控制，观察变流器和负载电压、电流和功率。

双有源全桥 DC-DC 变流器并列的结构如图 8-14 所示。

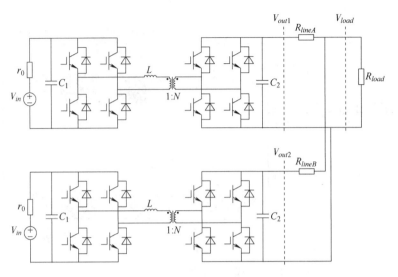

图 8-14 双有源全桥 DC-DC 变流器并列结构图

表 8-2 仿真任务参数

电压参数	元件参数	系统参数
输入电压 $V_{in}=95\text{V}$ 输出电压参考给定为 380V	开关频率：100kHz DAB 漏感 L：2.052μH 高频变压器匝比 N：4 输出侧电容 C_1：30μF 输出侧电容 C_2：3.2mF 线路电阻 R_{lineA}：0.2Ω 线路电阻 R_{lineB}：0.25Ω 负载 0~1.5s 为 72Ω 1.5~3.5s 为 48Ω	仿真时长：0~3.5s 仿真步长：变步长 0~2.5s 为下垂控制 2.5s~3.5s 引入二次控制 电压控制 PI 参数： K_p：0.000168 K_i：0.0223 下垂参数： K_1：9 K_2：18 二次控制 PI 参数： K_p：0.3 K_i：100

（2）仿真提示

1）DAB 模型可以使用 Electrical/Power Modules 里面的 Dual Active Bridge 模型，如图 8-15

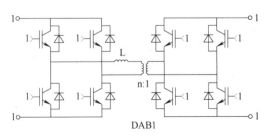

图 8-15 PLECS 内置的 DAB 模块

所示。设置为 Switched 模式。

2）DAB 的 SPS 控制可以参考帮助文档里面的参考模型，如图 8-16 所示。

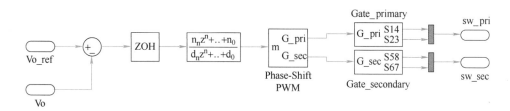

图 8-16　PLECS 参考模型使用的 SPS 控制方法

2. 预期结果

变流器输出电压和负载电压波形如图 8-17 所示。

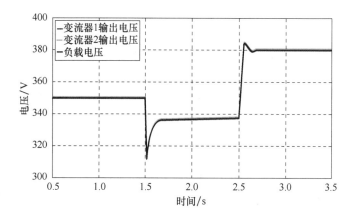

图 8-17　变流器输出电压和负载电压

可以看到，在加入二次控制之前，负载处的电压始终无法达到参考给定，加入二次控制之后，才能稳定到参考值。变流器输出电流和负载电流波形如图 8-18 所示。变流器输出功率和负载功率波形如图 8-19 所示。

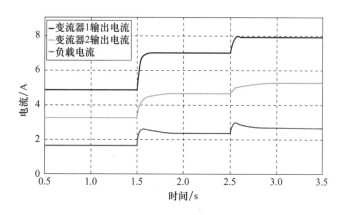

图 8-18　变流器输出电流和负载电流

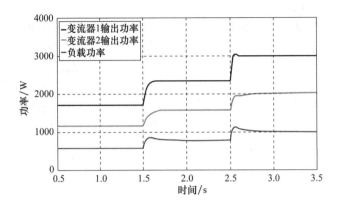

图 8-19　变流器输出功率和负载功率

参 考 文 献

[1] 朱珊珊，汪飞，郭慧，等. 直流微电网下垂控制技术研究综述 [J]. 中国电机工程学报，2018，38
（01）：72-84，344.

[2] 赵彪，安峰，宋强，等. 双有源桥式直流变压器发展与应用 [J]. 中国电机工程学报，2021，41
（01）：288-298，418.

[3] DRAGIČEVIĆ T, LU X, VASQUEZ J C, et al. DC microgrids—part I: a review of control strategies and stabi-
lization techniques [J]. IEEE Transactions on Power Electronics, 2015, 31 (7): 4876-4891.

[4] LU X, GUERRERO J M, SUN K, et al. An improved droop control method for DC microgrids based on low
bandwidth communication with DC bus voltage restoration and enhanced current sharing accuracy [J]. IEEE
Transactions on Power Electronics, 2014, 29 (4): 1800-1812.

[5] GUERRERO J M, VASQUEZ J C, MATAS J, et al. Hierarchical control of droop-controlled AC and DC micro-
grids—a general approach toward standardization [J]. IEEE Transactions on Industrial Electronics, 2011, 58
(1): 158-172.

第 9 章 综合应用实例

9.1 实际微电网的应用情况

伴随着新型电力电子技术的不断发展，以风电、光伏等新能源发电为代表的分布式发电技术日渐成熟。然而，各种新能源发电的大规模接入对电网结构和控制提出了新的要求。微电网作为一个可控、自治、具备独立运行能力的小型电力系统，有助于实现新能源就地消纳，优化能源分配，提高能源利用效率，对新能源发展有至关重要的意义。

目前，我国已经建设包括浙江舟山东福山岛 500kW 级离网型微电网、浙江温州 2MW 级并网型微电网、广东东莞交直流混合微电网以及广东珠海唐家湾直流微电网在内的多个微电网示范项目。截至 2018 年年底，中国安装的微电网数量为 35 个（总计 202 兆瓦）。中国目前是仅次于美国的全球第二大微电网市场。

但是，这些微电网有着不同的系统结构和控制架构，针对不同的控制系统结构，需要根据控制目标灵活设计微电网中变流器的控制系统。为此，本章根据前文介绍的控制系统，根据给定的案例设计要求，完成微电网的完整设计流程的案例介绍。

9.2 案例设计要求

在实际系统中，因为微电网有着不同的结构和需求，微电网中的变流器没有普适的控制参数和策略，需要根据具体的微电网结构和需求进行单独设计。本章根据这一培养目标设计了开放性仿真任务。

开放性仿真设计的目标如下：

1）设计微电网结构。

2）计算多台变流器的参数，包括各种下垂控制器、主从控制器。

3）在各组负载变化时（从半载变为满载），分析母线电压特性，单台变流器的输出电压、输出电流响应，变流器之间功率分配特性。

边界条件

- 微电网工作在孤岛状态下，由变流器支撑微电网母线电压；
- 电压型变流器不少于 2 台，采用下垂控制器实现功率分配；
- 电流型变流器不少于 2 台，采用主从控制器实现功率分配；
- 所有变流器额定功率不低于 10 kW；
- 变流器功率分配比例不能为 1：1：…：1；
- 包括三相电阻负载。

微网线路阻抗参数如下：$R_{line1} = 0.9\Omega$，$L_{line1} = 5\text{mH}$；或 $R_{line2} = 0.8\Omega$，$L_{line2} = 4\text{mH}$。

9.3 参考实现案例

第一步：微电网系统架构设计

针对给出的边界条件，首先需要完成微电网的结构设计。一个微电网结构范例如图 9-1 所示，由 4 台变流器和一组三相平衡负载组成，上述组成部分均通过不同的线路阻抗连接到交流母线上。其中，变流器 1 和变流器 2 为电压控制型变流器，采用了下垂控制和二次控制实现了交流母线电压的控制和两台变流器之间的功率自动分配。变流器 3 和变流器 4 为电流控制型变流器，采用了主从控制实现两台变流器之间的功率分配。设定 4 台变流器的功率分配比例为变流器 1：变流器 2：变流器 3：变流器 4 = 3：3：2：1。微电网的参数见表 9-1。

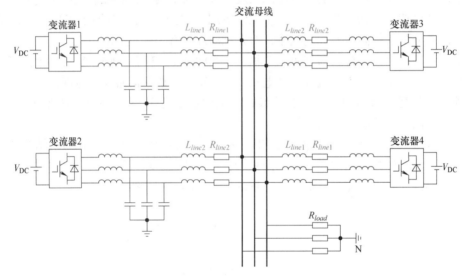

图 9-1　微电网结构范例

表 9-1　微电网参数

参数	数值
交流母线电压额定幅值/V	311
交流母线电压幅值允许最大值/V	342
交流母线电压幅值允许最小值/V	264
交流母线电压额定频率/Hz	50
交流母线电压频率允许最大值/Hz	50.2
交流母线电压频率允许最小值/Hz	49.5
无源负载	$4\Omega \to 2\Omega$
变流器 1 额定功率/kW	30

（续）

参数	数值
变流器 1 开关频率/kHz	20
变流器 2 额定功率/kW	30
变流器 2 开关频率/kHz	20
变流器 3 额定功率/kW	20
变流器 3 开关频率/kHz	20
变流器 4 额定功率/kW	10
变流器 4 开关频率/kHz	20

第二步：电压控制型变流器设计

设计完微电网的总体结构后，需要对每台变流器进行滤波器设计及控制系统设计，首先设计电压控制型变流器，电压控制型变流器的控制目标有两个：

1）通过控制输出电压实现母线电压的支撑，且需要保证母线电压的幅值和频率在不同负载情况下均保持稳定。

2）实现变流器 1 和变流器 2 之间的 1∶1 的功率分配。

为实现上述两个目标，变流器 1 和变流器 2 的控制系统结构如图 9-2 所示，包括了 3 层控制系统，其中最底层的控制结构采用电压控制。下垂控制根据变流器 1 和变流器 2 的输出电压 v_g、输出电流 i_g、二次控制输出的幅值补偿 ΔV 和频率补偿 Δf，计算得到变流器输出电压给定的幅值 v_{gdref} 和相位 θ，实现了母线电压的幅值和频率支撑和两台变流器之间的功率分配调节。二次控制根据交流母线电压的幅值和频率计算得到幅值补偿 ΔV 和频率补偿 Δf 以修正下垂控制，保证交流母线电压的幅值和频率在不同负载下保持恒定。

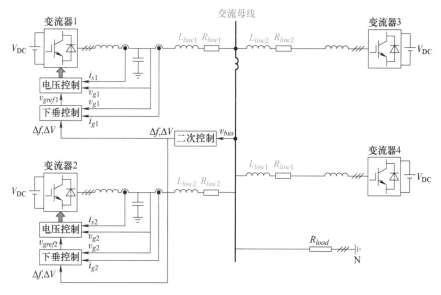

图 9-2　变流器 1 和变流器 2 的控制系统结构

控制系统的详细设计依照从内到外、从底层到上层的流程，首先完成变流器的滤波器选择及参数设计。如表9-1所示，变流器1和变流器2均为电压控制型变流器且额定功率相同，两台变流器可以采用LC滤波器结构且滤波器参数相同。

因为变流器1和变流器2的滤波器参数、控制目标都相同，变流器1和变流器2的电压控制系统及控制参数也相同。电压控制系统采用典型的双闭环电压控制系统，控制系统结构如图9-3所示，控制系统的输入信号为d轴电压给定v_{gdref}和相位θ，然后利用采样得到的电容电压v_g、网侧电流i_g和变流器侧电流i_s，计算得到最终的PWM调制信号，电压控制型变流器的具体参数设计流程参考第4章内容。

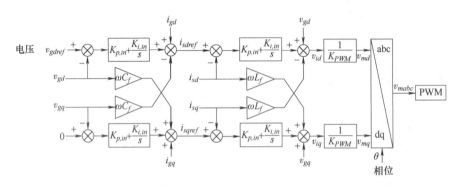

图9-3　双闭环电压控制系统

然后进行下垂控制的设计，下垂控制系统如图9-4所示。利用变流器的输出电压v_g和输出电流i_g计算得到变流器的输出有功功率P和输出无功功率Q后，利用无功-幅值和有功-频率两条下垂曲线，分别计算得到给定电压的幅值v_{gdref}和相位θ，这两个信号输入到电压控制中，成为图9-4中电压控制的两个输入。下垂控制的下垂系数k_P通过变流器的额定功率和允许的最大电压频率偏差计算得到，而下垂系数k_Q通过变流器的额定功率和允许的最大电压幅值偏差计算得到，具体公式见第6章。而额定有功P_0和额定无功Q_0是从更上层的控制计算得到，此处可均设为0。

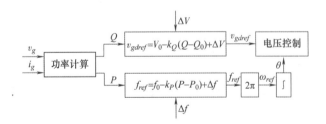

图9-4　下垂控制系统

最后是二次控制的设计，控制结构如图9-5所示。通过幅值计算和PLL，分别得到交流母线电压v_{bus}的幅值V和频率f。幅值V和频率f分别和给定电压幅值V_0和给定频率f_0做差，通过两个PI控制器后，得到下垂控制所需的幅值补偿ΔV和频率补偿Δf。

第三步：电流控制型变流器设计

接下来设计电流控制型变流器。此处电流控制型变流器的控制目标为实现所有变流器之间的功率分配，因此，变流器 3 和变流器 4 均采用主从控制+电流控制的控制系统架构。实际控制系统结构如图 9-6 所示，变流器 3 和变流器 4 均采用电流控制，两台变流器的电流给定由主从控制计算得到。

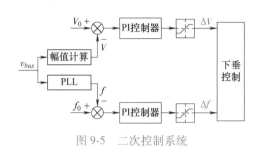

图 9-5　二次控制系统

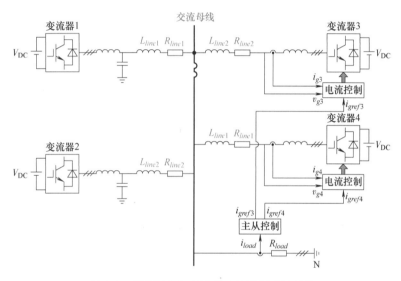

图 9-6　变流器 3 和变流器 4 的控制系统结构

和电压控制型变流器的控制系统的设计流程类似，电流控制型变流器的设计流程也是从底层到上层。首先完成变流器的滤波器选择及参数设计。如表 9-1 所示，变流器 3 和变流器 4 均为电流控制型变流器，因此均采用 L 型滤波器；但两台变流器额定功率不同，因此滤波器的参数不同。根据第 3 章的设计方法，分别设计变流器 3 和变流器 4 的 L 型滤波器参数。

完成了 L 型滤波器设计后，进行电流控制系统的设计。变流器 3 和变流器 4 均采用 dq 坐标系下的电流单闭环控制系统，系统框图如图 9-7 所示。变流器的网侧电压 v_g 通过锁相环后得到电压的相位 θ，并利用这一相位将 abc 坐标系下的电流给定转换为 dq 坐标系的电流给定。然后通过 PI 控制器、网侧电压的前馈和 dq 轴解耦之后，得到 dq 坐标下的调制信号 v_{mdq}。最后通过坐标变换得到 abc 坐标系下的调制信号，坐标变换的相位同样来自 PLL 的输出相位 θ。需要注意的是，因为变流器 3 和变流器 4 有着不同参数的 L 滤波器，因此变流器 3 和变流器 4 中 PI 控制器的参数需要分别设计，具体设计流程见第 3 章内容。

最后进行主从控制的设计。因为图 9-1 所示的微电网结构中仅含一组负载，因此可以采用基于负载电流采样的主从控制系统。主从控制需要分别设计变流器 3 和变流器 4 的功率分配系

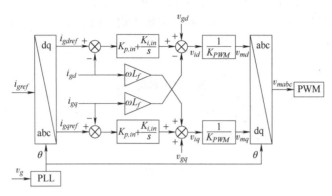

图 9-7   变流器 3 和变流器 4 的控制系统框图

数，因为设定的功率分配比例为变流器 1：变流器 2：变流器 3：变流器 4＝3：3：2：1，因此变流器 3 的功率分配系数为 2/9，变流器 4 的功率分配系数为 1/9。因此得到的主从控制如图 9-8 所示。

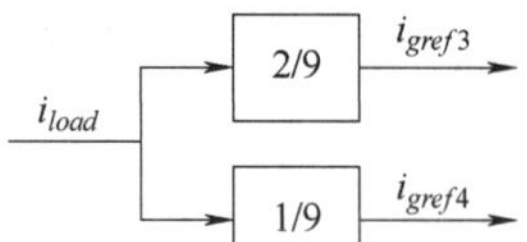

第四步：结果验证

微电网系统设计完成后，需要在仿真中对设计的微电网进行验证，验证主要包括两个方面：母线电压支撑及功率分配。

图 9-8   主从控制系统

1. 母线电压支撑

负载为满载时的微电网母线电压和负载电流如图 9-9 所示，可以看到因为变流器 1 和变流器 2 的母线电压支撑，微电网的母线电压正常工作。

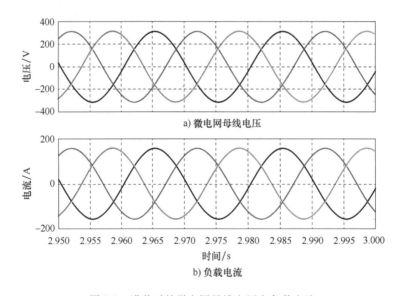

图 9-9   满载时的微电网母线电压和负载电流

微电网母线电压的幅值如图 9-10 所示。当变流器 1 和变流器 2 仅采用下垂控制时（即 0.5～1.5s），因为变流器 1 和变流器 2 的输出无功功率不等于给定无功功率且还有线路阻抗的影响，母线电压的幅值为 287V，不等于给定电压幅值（311V）。当二次控制启动后，无论负载怎么变化，母线电压的幅值最终都等于给定电压幅值。

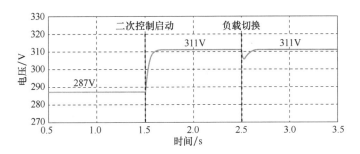

图 9-10　微电网母线电压幅值

微电网母线电压的频率如图 9-11 所示。当变流器 1 和变流器 2 仅采用下垂控制时（即 0.5~1.5s），因为变流器 1 和变流器 2 的输出有功功率不等于给定有功功率且还有线路阻抗的影响，母线电压的频率为 49.8Hz，不等于给定电压频率（50Hz）。当二次控制启动后，无论负载怎么变化，母线电压的幅值最终等于给定电压频率。

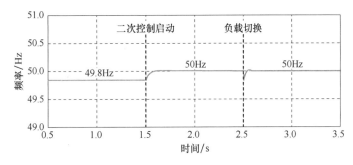

图 9-11　微电网母线电压频率

2. 功率分配说明

微电网中各台变流器的输出有功功率如图 9-12 所示。可以看到，因为变流器 3 和变流器

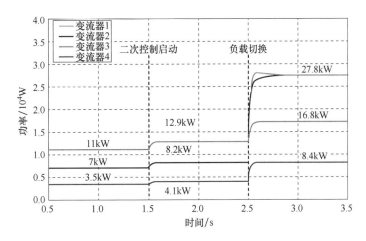

图 9-12　各变流器的输出有功功率

4 直接控制输出功率，因此，在各种状态下，变流器 3 和变流器 4 的输出功率比例为 1∶2。因为变流器 1 和变流器 2 采用了相同下垂系数的下垂控制，因此，在不同的状态下，变流器 1 和变流器 2 的稳态输出有功功率保持相同。但是，因为两台变流器的线路阻抗不同，因此变流器 1 和变流器 2 在暂态过程中输出不同的有功功率。此外因为变流器 1 和变流器 2 中的下垂控制并不直接控制变流器输出功率，变流器 1 和变流器 3 的功率分配比例仅近似于 3∶2，无法做到完全等于 3∶2。